Dr. Dietmar Köhler

Wachtelhaltung

Zucht · Ernährung · Vermarktung

3. Auflage

Oertel+Spörer

Bildnachweis:
Bielfeld: Titelbild und S. 15, 16, 32 oben rechts
Dr. Damme: S. 51 (2)
Muss: S. 31 unten
Raethel: S. 30 oben, 31 links
Zeichnung S. 21 (Wachtelfalle, nach Kawahara 1971)
Alle weiteren Fotografien und Zeichnungen stammen vom Verfasser.

Haftungsausschluss
Die Hinweise in diesem Buch stammen vom Autor. Sie sind sorgfältig recherchiert. Es können jedoch keinerlei Garantien übernommen werden. Eine Haftung des Autors bzw. des Verlages und seiner Beauftragten für Personen-, Sach- und Vermögensschäden ist ausgeschlossen.

Bibliografische Information der Deutschen Nationalbibliothek
Die Deutsche Nationalbibliothek verzeichnet diese Publikation in der deutschen Nationalbibliografie; detaillierte bibliografische Daten sind im Internet über http://dnb.d-nb.de abrufbar.

Postfach 16 42 · 72706 Reutlingen
3. Auflage

Schrift: 9/11 p Stone
Lektorat: Dr. Gabriele Lehari
DTP und Repro: raff digital gmbh, Riederich
Druck und Bindung:
Oertel+Spörer Druck und Medien-GmbH+Co., Riederich
Printed in Germany
ISBN 978-3-88627-555-7

Inhalt

Vorwort

In diesem Buch, das sowohl den Hobbyzüchter als auch den Experten erreichen möchte, sind Erfahrungen, Daten und Fakten aus eigenen Untersuchungen sowie aus der Fachliteratur zusammengestellt worden. Bei der enormen Zahl an Publikationen ist das hier verarbeitete Material nur ein Bruchteil der eigenen Literatursammlung und gar der Gesamtmenge an Veröffentlichungen, die sich mit Wachteln beschäftigen.

Bei der Auswahl wurden vor allem Fragen von interessierten Tierhaltern berücksichtigt, die sich in den vergangenen vier Jahrzehnten bei mir Rat holten. Viele Grundlagenuntersuchungen haben schon vor etlichen Jahren – nicht wenige zwischen 1960 und 1970 – stattgefunden, sind aber noch immer aktuell, auch weil es wenige neuere Untersuchungen zu Fragen der Haltung, Fütterung und Züchtung von Wachteln gibt.

Eine Japanische Wachtel.

Die Wachteln zählen zur Gruppe der Hühnervögel. Innerhalb dieser unterscheidet man die beiden Unterfamilien Feldhühner und Zahnwachteln. Letztere leben auf dem amerikanischen Kontinent.

Relativ kleinwüchsig sind die *Coturnix*-Wachteln, deren Besonderheit zudem darin besteht, dass sie Zugvögel sind. Sie sind in Asien, Afrika, Europa und Australien ansässig. In dieser Gruppe sind die Japanwachteln und die Zwergwachteln die häufigsten Vertreter. Sie werden vor allem in Ostasien für Speisezwecke in größerem Umfang gehalten. Besonders die Japanwachteln haben eine weltweite Verbreitung gefunden, die hauptsächlich auf die zweite Hälfte des 20. Jahrhunderts zu datieren ist. Dafür gab es verschiedene Gründe. Während in Ostasien vor allem die Ernährung im Vordergrund stand, waren es in Nordamerika zeitweise besonders die Geflügelwissenschaftler, die eine ganz andere Nutzung im Auge hatten. Wachteln boten sich nämlich besonders als Versuchstiere an: Ihre geringe Größe, der geringe Futterverbrauch, der geringe Platzbedarf und die hohe Nachwuchsrate bei raschem Generationswechsel (man kann mehrere Generationen in einem Jahr aufziehen) erwiesen sich als ideal für die Forscher.

In Europa war die Nutzung als Versuchstier weniger intensiv. Das Hauptinteresse lag und liegt hier bei der Wachtel als Hobbytier, das besonders interessante Farbenschläge hervorbringt. Der Bedarf an Wachtelfleisch und Wachteleiern ist hier vergleichsweise gering. Das hat auch mit dem Überangebot an billigem Geflügel verschiedenster Arten zu tun. Dennoch ist in speziellen Nischen mit Wachtelfleisch und Eierprodukten gelegentlich Erstaunliches möglich. Als Fleischlieferant wird die Wachtel von Gourmets geschätzt und selbstverständlich greifen auch die „Sterneköche" gern nach diesem Spezialgeflügel.

Die relativ breite Palette der Wachtelnutzung soll hier behandelt und dabei die Gemeinsamkeiten der verschiedensten Nutzungsrichtungen herausgestellt werden.

An dieser Stelle sei den Mitarbeitern der früheren Landwirtschaftlichen Versuchsstation Probstheida in Leipzig und der Sachsen-Anhaltinischen Landesanstalt für Landwirtschaft für ihre praktische und moralische Hilfe gedankt.

Ein besonderer Dank gilt meiner Familie und besonders meiner Frau, die geduldig meine Arbeiten unterstützte und mithalf, dass dieses Buch entstehen konnte.

Für die Unterstützung seitens des Verlages danke ich Frau Dr. Gabriele Lehari und Herrn Martin Fuchs.

Dr. Dietmar Köhler

Einleitung

Hühnervögel haben schon immer einen besonderen Reiz auf die Menschen ausgeübt. Stellvertretend für diese „reizende“ Gruppe seien der wahrlich goldene Goldfasan und der Pfau mit seinem scheinbar tausendäugigen Federnschwanz genannt. Dem Pfau wird nicht umsonst wegen seiner Pracht auch der Titel „König der Vögel“ zuerkannt.

Aber auch unter dem „gemeinen“ Haushühnervolk gibt es, sichtbar und akzeptiert, schöne Hähne und natürlich auch „Schönheiten“, die etwas für den ausgefallenen Geschmack sind. Die nach der Domestikation des Bankivahuhnes entwickelten Rassen sind äußerst vielfältig. Das Spektrum reicht von Zwerghühnchen, die kleiner sind als ihre Urahnen, und geht bis zu Hühnern, die fast einen Meter hoch werden und entsprechend schwer sind. Außerdem gibt es innerhalb der Rassen eine fast maßlose Vielfalt an Gefiederfarbvariationen, Federstrukturen und Federlängen.

Bemerkenswert ist auf alle Fälle, dass die männlichen Tiere, also die Hähne, in der Regel schöner und farblich attraktiver aussehen als die Hennen. Das gilt auch dann, wenn man nicht vergisst, dass Schönheit ein relativer Maßstab ist. Der Hahn muss repräsentieren, balzen, sich um die Hennen kümmern, damit keine „untreu“ wird, und sie beschützen. Die weniger „geschmückte“ Henne muss normalerweise die Eier legen, bebrüten – dabei von Feinden nicht gesehen werden – und die Küken aufziehen. Allerdings gibt es auch Arten, bei denen die Hähne gleichfalls brüten. Ein Beispiel dafür ist die Gruppe der Steinhühner. Das sind Gebirgsbewohner, die zur Unterfamilie der Feldhühner zählen, also mit Wachtel und Rebhuhn „verwandt“ sind.

Es ist allgemein üblich, dass das männliche Tier bei den Hühnervögeln als „Hahn“ und das Weibchen als „Henne“ bezeichnet wird. Es gibt Hühnervögel in einer breiten Palette. Von schlichten, eher einfarbigen Arten bis zu Vertretern, die

Der Pfauhahn ist auch ohne Radschlag eine imposante Erscheinung.

ein Gefieder mit scheinbar allen Farbnuancen haben. Anders gesagt: Tiere, die der Umgebung angepasst sind, sowie in ihrer Schönheit kaum zu beschreibende Vögel. Man kann heute feststellen, dass von der Familie der Hühnervögel eine relativ erhebliche Anzahl von Arten in Menschenhand gehalten wird. Haushuhn, Perlhuhn und Pute gehören zu den Tieren in Haus, Hof und Garten. Sie wurden domestiziert und dienen der Erweiterung der Palette des Nutzgeflügels, sei es durch Fleisch, Eier oder Federn.

Beim Jagdwild ist vor allem an Jagdfasane, Reb- und Steinhühner, Frankoline (in Afrika und Asien), Wachteln oder unter bestimmten Bedingungen auch an Raufußhühner wie Auerhühner, Birkhühner, Haselhühner oder an die amerikanischen Arten dieser Gruppe wie Tannenhuhn oder Fichtenwaldhuhn zu denken.

Daneben gibt es eine Reihe von Hühnervogelarten, die zum Jagdwild gerechnet werden und nicht selten auch aus diesem Grund ausgewildert wurden. Dabei konnten sie in anderen Regionen und sogar in anderen Kontinenten heimisch gemacht werden, wie vor Zeiten der Jagdfasan, der aus der Colchis zu uns kam und mittlerweile nicht nur Europa, sondern unter anderem den amerikanischen Kontinent bevölkert.

Außerdem gibt es zahlreiche Spezies, die in Volieren oder auch im Freilauf gehalten werden. Zu Letzteren kann man den „diensťältesten" Ziervogel, den Pfau, aber auch Gold- und Silberfasan zählen, während viele Fasane und Feldhühner sich in mehr oder weniger großen Volieren tummeln. Mittlerweile werden vom Aussterben bedrohte Arten um ihrer Erhaltung willen in der Obhut von Menschen gehalten.

Der Goldfasan ist ein besonders aparter Vertreter der Hühnervögel.

Der Pfau *(Pavo cristatus)* (der blaue Pfau repräsentiert die Stammform) kann zweifelsfrei als Haustier angesehen werden, wobei er in die Kategorie „Parkgeflügel" eingeordnet wird. Er ist ein Beispiel dafür, wie farbliche Mutationen an Bedeutung gewinnen, auch wenn sie nicht so schön sind wie der blaue Pfau selbst.

Bemerkenswert ist auch, dass einzelne Arten der Feldhühner in Regionen ausgewildert wurden, wo sie gar nicht zum Biotop gehören. Zu denken ist dabei an die Rothühner, die in Großbritannien heimisch wurden, oder an die Chukarsteinhühner, die in den USA so weit verbreitet sind, dass sie mittlerweile bejagt werden können – womit die Zielstellung erreicht wurde.

Die Auswilderung von Japanwachteln gelang nicht. In Amerika wurde dies versucht, jedoch stets ohne Erfolg. Bei diesen Versuchen wurden aus der Volierenhaltung bzw. aus der Intensivhaltung stammende Tiere genutzt, in der Hoffnung, sie würden in der „Freiheit" wieder selbst brüten. Das kommt hin und wieder vor, ist aber höchst selten zu beobachten. Bereits das Freisetzen führt zu enormen Verlusten. Eine Selektion auf Legeleistung bedeutet in der Regel den Verlust der Fähigkeit zur Selbstbrut. Deutlich ist das vor allem bei Haushühnern, die intensiv auf Legeleistung selektiert wurden und daher landläufig als „Legehybriden" bezeichnet werden. Da muss man bei Bedarf Jungtiere zukaufen oder man besorgt sich eine Henne von Rassen, die noch selbst brüten. Bei anderem domestiziertem Geflügel ist es mittlerweile ebenso oder ähnlich: Ohne Brutfähigkeit muss die Technik helfen oder eine Glucke gesucht werden.

Wissenswertes über Wachteln

Wachteln sind kleine Hühnervögel und auf allen Kontinenten mit zum Teil speziellen Formen vertreten. Zoologisch gesehen gehören sie zur Unterfamilie der Feldhühner, deren bekannteste Vertreter die bei uns selten gewordenen Rebhühner sind. Natürlich gibt es auch in Deutschland wild lebende Wachteln.

Wachteln sind Hühnervögel

Bei den bei uns lebenden Wachteln handelt es sich um die Europäischen Wachteln *(Coturnix coturnix)*. Sie gehören zur selben Gattung wie die Japanischen Wachteln *(Coturnix japonica)*. Die fernöstliche Art wurde bereits im 8. Jahrhundert in Japan und möglicherweise auch in China und Korea gehalten. Es ist auch nicht auszuschließen, dass diese Tiere aus China oder Korea nach Japan kamen. Fest steht aber, dass sie im 16. Jahrhundert in Japan als Singwachteln gezüchtet und gehalten wurden. Japanische Autoren halten diesen Zeitpunkt für den Beginn der Domestikation, wobei es sich anfangs um eine Semidomestikation, also eine Halb- oder Teilzähmung bzw. Nutzbarmachung handelte.

In solchen Holzkäfigen kamen viele Wildvögel aus fremden Ländern, darunter auch Wachteln, nach London. Die Käfige stammen aus dem Dockland Marinemuseum in London.

Zweifellos ist der Wachtelruf nicht jedermanns Sache und für so manches Ohr wohl auch nicht leicht als „Gesang" einzuordnen. Welchen Stellenwert die Singwachteln hatten, kann man an der Art der Haltung ermessen. Es werden prunkvolle Käfige beschrieben, die aus Edelhölzern gefertigt und mit wertvollem Schmuck versehen waren. Für die Singwachteln wurden spezielle Wettbewerbe veranstaltet und die Sieger ermittelt, sicher ähnlich jenen Wettbewerben, wie sie heute von den Kanarienvogel- oder Finkenzüchtern abgehalten werden.

Aus den Singwachtelbeständen wurde vor etwa hundert Jahren begonnen, Legewachteln auszulesen, zuerst vielleicht solche, die weniger gut „bei Stimme“ waren oder durch eine annehmbare Legeleistung auffielen. Begünstigt wurde das auch durch die Nutzung entsprechend ausreichender Mengen an Elektroenergie für Brut und Aufzucht in größeren Partien. Die Einzelkäfighaltung begünstigte die Auslese erheblich. Daneben wurde Wachtelfleisch bereits im 18 Jahrhundert als Delikatesse geschätzt. Nicht zu vergessen ist, dass auch eine V elzahl von Farb- und Gefiedervarietäten existierte.

Die Folgen des Zweiten Weltkrieges und die damit verbundene Nahrungsknappheit – Millionen Japaner hungerten – führten weitestgehend zum Verlust aller Wachtelbestände. Singwachteln überstanden diese Periode überhaupt nicht und nahezu alle Gefiederfarbvarianten verschwanden von der Bildfläche. Was blieb, waren einige Hundert Legewachteln in Ländern Asiens. Speziell aus Taiwan, China und Korea kamen wieder Wachteln nach Japan, die die Grundlage für die heutigen quasi weltweit verbreiteten Zuchtwachtelbestände bilden und zum Ende der Fünfzigerjahre des 20. Jahrhunderts auch in anderen Kontinenten und Ländern Interessenten fanden.

Es erscheint sinnvoll, die von den Japanwachteln abstammenden und heute gehaltenen Wachteln als Zucht- oder Hauswachtel mit *Coturnix coturnix domesticus* zu bezeichnen. Wenn allgemein von Wachteln die Rede ist, sind in der Regel die Japanwachteln gemeint.

In den Sechzigerjahren des 20. Jahrhunderts begann dann die Entdeckung der Wachtel als Versuchstier oder besser Modelltier für Nutzgeflügel.

Damit erfolgte eine wissenschaftliche Durchdringung des „unbekannten Versuchstieres Wachtel“. Besonders in den USA widmete man sich diesem Modellhühnervogel, aber auch in anderen Ländern hielt dieses geradezu ideale Versuchstier Einzug in die Laboratorien und die dazugehörigen Zuchtstätten. Wie so oft, wenn eine neue Tierart auf dem wissenschaftlichen Markt erscheint, setzte ein wahrer Boom ein, diesen Vogel zu erforschen und der staunenden Mitwelt in Fachartikeln zu offerieren. Es gab dabei zeitweise eine wahre Flut an Publikationen, in denen Wachteln für die verschiedensten biologischen, veterinärmedizinischen und biomedizinischen Fachrichtungen als Modell dienten. Dabei gab es gleichzeitig, quasi als Nebenprodukt, zahlreiche Ergebnisse für die wirtschaftlich orientierte Wachtelhaltung. Diese aus den 1960er- und 1970er-Jahren stammenden Untersuchungen sind weiter aktuell und bilden die Grundlage für die fachgerechte Wachtelhaltung und das heutige Wissen.

Die Wachteln gehören innerhalb der Ordnung der Hühnervögel zur Familie der Hühner. Sie zweigen sich in die Unterfamilien Feldhühner (28 Gattungen) und Zahnwachteln (9 Gattungen) auf.

Wachteln im zoologischen System

Neben der Gattung *Coturnix*, die in Asien, Afrika und Europa verbreitet ist, existieren auch in Australien ähnliche Vertreter dieser Gruppe. In Amerika gibt es ebenso zahlreiche Wachtelarten, die zu den Zahnwachteln zählen und sehr schön gefärbt sind und die vor allem als Volierenvogel bei uns bereits vor langer Zeit Einzug gehalten haben. Die bekannten Arten wie Baum- oder Schopfwachteln sind recht gut zu vermehren. Allerdings haben die sogenannten „Nichtbrüter" zugenommen, also muss die Technik genutzt werden.

Es gibt eine Vielzahl von Wachtelarten, die zoologisch gesehen als kleine und teils kleinste Hühnervögel zur Unterfamilie der Feldhühner bzw. zur Unterfamilie der Zahnwachteln gehören. Diese wiederum werden zur Familie der Hühner (Phasianidae), innerhalb der Ordnung Hühnervögel (Phasianiformes), gehörend betrachtet. Diese erheblichen Variationen zwischen den Gattungen und Arten sind normal.

Die Zahnwachteln repräsentieren in Amerika die Gruppe der Feldhühner. Zumindest werden sie, zoologisch systematisch gesehen, als Unterfamilie der Hühner betrachtet.

Die Palette der Hühnervögel ist sehr breit gefächert und auch exotische Vertreter gehören dazu. Die Großfußhühner oder die Hokkohühner sind noch relativ wenig bekannt, aber wegen spezieller Tierparks auch in unseren Breiten zu bewundern.

Die Kalifornischen Schopfwachteln zählen zu den Zahnwachteln.

Hühnervögel sind auf allen Kontinenten verbreitet und das jeweils mit ganz spezifischen Vertretern. Die Familie der Hokkohühner lebt in Mittel- und Südamerika. Über alle drei amerikanischen Subkontinente hinweg sind die Zahnwachteln verbreitet und die Puten leben in Mittel- und Nordamerika. Überwiegend in Nordamerika sind einige Vertreter der Raufußhühner anzutreffen.

In Europa sind es vor allem Feldhühner und Raufußhühner sowie die hier ausgewilderten Jagdfasane. Afrika hat neben den Frankolinen, den Wachteln und den Kongopfauen vor allem die Perlhühner aufzuweisen, darunter die Helmperlhühner – die Stammform des Hausperlhuhns.

In Asien sind einige Feldhühner, wie das Himalajakönigshuhn oder auch *Coturnix*-Wachteln, sowie die Gruppe der Fasane, die Pfauen und die Bankivahühner zu Hause. Im Gebiet des 5. Kontinents kommen an Hühnervögeln unter anderem Wachteln (Braunwachtel) und Großfußhühner (Neuguinea) vor.

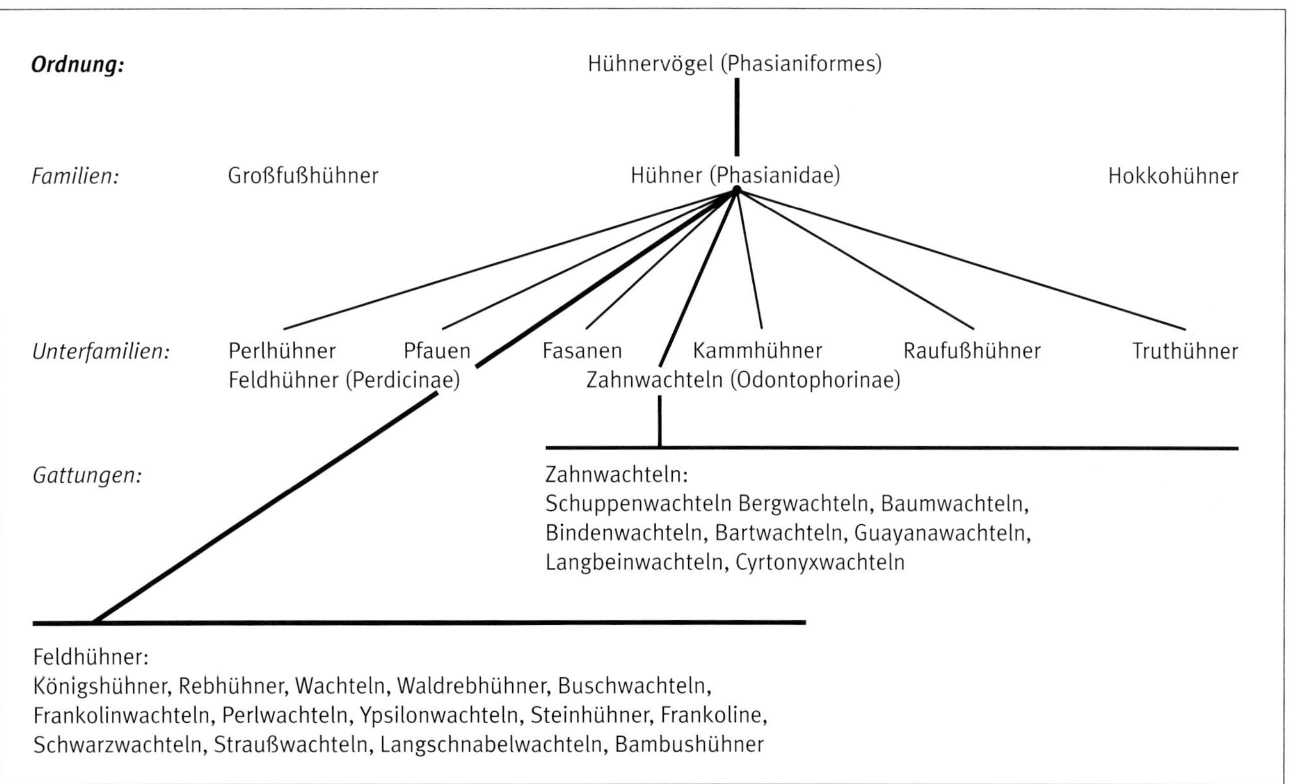

Systematik der Hühnervögel (nach Wolters 1982).

Tabelle 1:
Übersicht über die Gattungen der Feldhühner mit Beispielen für Arten

Unterfamilie:	Perdicinae	(26 Gn)	Feldhühner
Gattungen:	*Lerwa*	(1 A)	z. B. Haldenhuhn
	Tetraogallus	(5 An)	Königshuhn
	Tetraophasis	(2 An)	Keilschwanzhuhn
	Tropicoperdix	(2 An)	Gelbfuß-Buschwachtel
	Arborophila	(13 An)	Hügelhuhn
	Perdix	(3 An)	Rebhuhn
	Alectoris	(7 An)	Steinhuhn
	Bambusicola	(2 An)	Bambushuhn
	Francolinus	(4 An)	Halsbandfrankolin
	Pternistis	(24 An)	Erckelfrankolin
	Scleroptila	(6 An)	Grauflügelfrankolin
	Dendroperdix	(2 An)	Schopffrankolin
	Peliperdix	(4 An)	Coquifrankolin
	Ortyornis	(1 A)	Wachtelfrankolin
	Perdicula	(2 An)	Frankolinwachtel
	Cryptoplectron	(2 An)	Buntwachtel
	Ammoperdix	(2 An)	Wüstenhuhn
	Anurophasis	(1 A)	Schneegebirgswachtel
	Synoicus	(1 A)	Ypsilonwachtel
	Coturnix	(7 An)	„Eigentliche" Wachtel
	Margaroperdix	(1 A)	Perlwachtel
	Caloperdix	(1 A)	Augenwachtel
	Melanoperdix	(1 A)	Schwarzwachtel
	Rollulus	(1 A)	Straußwachtel
	Haematortyx	(1 A)	Rotkopfwachtel
	Rhizotera	(1 A)	Langschnabelwachtel

Tabelle 2:
Die sieben Arten der Gattung *Coturnix*

Gattung:	*Coturnix*	
Arten:	*Coturnix coturnix*	Gewöhnliche Wachtel
	Coturnix japonica	Japanwachtel
	Coturnix novaezelandica	Schwarzbrustwachtel
	Coturnix coromandelica	Regenwachtel
	Coturnix delegorguei	Harlekinwachtel
	Coturnix chinensis	Zwergwachtel
	Coturnix adansoni	Adansonwachtel

Wie schon erwähnt, gehören die Wachteln zur Gruppe der Feldhühner, eine interessante und vielgestaltige Gruppe der Hühnervögel. In der folgenden Übersicht ist die Zahl der Gattungen (1 = G, >1 = Gn) und ebenfalls der Arten (A, An) aufgeführt (Tabelle 1).

Bei zahlreichen Arten kommt das Wort „Wachtel" vor. Wachteln haben einen wesentlichen Anteil an der Gruppe der Feldhühner. Bemerkenswert ist auch die weit gefächerte Gruppe von Frankolinen, die auf Grundlage der Systematik nach Wolters (1975) in mehrere Gattungen aufgeteilt wurden. Den afrikanischen Vertretern der Frankoline widmet man in der Fachliteratur, die speziell im Süden Afrikas erscheint, eine breite Aufmerksamkeit. Dabei geht es zwar vordergründig um die Verbesserung der Jagderfolge, aber daraus resultieren gleichermaßen Ergebnisse, die helfen, die Populationen zu erhalten und zu vergrößern.

Um die Vielfalt der *Coturnix*-Wachteln darzustellen, soll diese Gattung der Feldhühner mit ihren sieben Arten noch einmal besonders herausgehoben werden (Tabelle 2).

Fälschlicherweise werden nicht selten Japanwachtel und Regenwachtel als eine Art geführt. Ebenso falsch ist der Name „Japanische Regenwachtel". Derartige Wachteln sind in der Systematik nicht bekannt.

Ein Chinesisches Zwergwachtelpaar (Excalfactoria chinensis) *bezaubert nicht nur kleine Betrachter.*

Die Chinesische Zwergwachtel und die Adansonwachtel, Letztere auch als Afrikanische Zwergwachtel oder Blauwachtel bezeichnet, sind beides Zwergwachteln. Sie werden von manchen als Konspezies angesehen. Von der Chinesischen Zwergwachtel gibt es zahlreiche Farbmutationen, deren Erbgang gut beschrieben ist. Sie erfreuen sich auch aufgrund ihrer geringen Größe und des damit verbundenen geringen Platzbedarfs großer Beliebtheit. Ganz besonders als Volierenvogel in Wohnräumen oder Vogelstuben sind sie gut zu halten und daher sehr weit verbreitet. Dafür spricht auch die erwähnte Vielzahl von Farbenschlägen. Gleichermaßen wichtig ist die Tatsache, dass Zwergwachteln selbst brüten und so eine winzige Gruppe aus Mutter und Küken herrlich anzusehen ist, besonders wenn die Glucke die hummelgroßen Küken wärmt (hudert) und führt. Eine „Hühnerglucke" mit Küken im Dorf zu sehen ist ja mittlerweile schon eine Rarität geworden.

Die Japanwachtel (Coturnix japonica) *ist die am meisten verbreitete und gezüchtete Wachtel.*

Tabelle 3:
Übersicht über die Gattungen, Zahl der Arten und Beispiele für die Unterfamilie der Zahnwachteln

Unterfamilie:	*Odontophorinae*	(9 Gn)	Vertreter u. a.
Gattungen:	*Colinus*	(4 An)	Baumwachtel
	Callipepla	(4 An)	Kalifornische Schopfwachtel
	Oreortyx	(1 A)	Bergwachtel
	Phylortyx	(1 A)	Bindenwachtel
	Dendrortyx	(2 An)	Bartwachtel
	Odontophorus	(14 An)	Guayanawachtel
	Rhynchortyx	(1 A)	Langbeinwachtel
	Dactylortyx	(1 A)	Singwachtel
	Cyrtonyx	(2 An)	Massenawachtel

Tabelle 4:

„Schlüssel" für die Zuordnung typischer Coturnix-Wachteln (nach Johnsgard 1988)

Zwergwachteln (*Coturnix* spec.): Schwungfedern unter 85 mm; die dritte Handschwinge von außen ist die größte.

Chinesische Zwergwachtel *(Coturnix chinensis)*: Unterpartie der Hähne blau und kastanienbraun; Flügeldeckfedern der Hennen teils mit Schwarz gestreift.

Afrikanische Zwergwachtel *(Coturnix adansoni)*: Unterpartie der Hähne vollkommen blau; Flügeldeckfedern der Hennen stärker schwarz gestreift.

Harlekinwachtel *(Coturnix delegorguei)*: Mit deutlich bräunlichem Oberhaupt und Kopfseiten und sehr deutlichen dunklen Kopfstreifen; äußere Seite der Handschwingen ohne Streifen; Hähne mit variabler dunkler Unterseite; schwarze, nicht intensive Unterseite bei Hennen; Unterpartie mehr rötlich braun und Schwungdeckfedern schwärzlich grau bei Hennen.

Schwarzbrustwachtel *(Coturnix coromandelica)*: Unterseite und Flanken mit einer größeren schwarzen Maserung; Axillarien weiß; Schwarz begrenzt auf das Zentrum der Brust bei Hähnen; Unterpartie blassbraun und Schwungdeckfedern sandfarbig bräunlich bei Hennen.

Ypsilonwachtel *(Synoicus ypsilophorus,* wird gelegentlich zu den Coturnix-Wachteln gezählt): Schwungfedern über 85 mm; äußere Armschwingen sind am längsten; Kopf und obere Kopfseiten undeutlich gestreift; Kopfzeichnung ist dunkel; Unterseite und Flanken mit feiner schwarzer Streifung; Axillarien grau.

Europäische Wachtel *(Coturnix coturnix)*: Schwingen über 105 mm; die äußeren Latzfedern in Herbst und Winter gerundet; im Frühjahr mit bräunlichem Latz und bei Hähnen mit schwarzer Kehle.

Asiatische Wachtel *(Coturnix japonica)*: Schwingen unter 105 mm; die äußeren Latzfedern in Herbst und Winter spitz; Latzfedern kräftiger braun und in stärkerem Kontrast zum Rücken, besonders im Frühjahr.

Den Schwerpunkt des Buches bilden zweifelsfrei die Japanwachteln *(Coturnix japonica)*. Unabhängig davon werden die anderen Arten kurz beschrieben. Gleiches gilt bei den Zahnwachteln.

Eine weitere Unterfamilie bilden die Zahnwachteln, die in Amerika (USA bis Ecuador) beheimatet sind und quasi die Feldhühner des Amerikanischen Kontinents darstellen. Daher werden sie auch Amerikanische oder Neuweltwachteln genannt. Der Name für die Unterfamilie rührt aus der starken Zahnung des kurzen hohen Schnabels, der eine stark herabgezogene Spitze aufweist. Besonders beliebt sind die Baumwachteln und die Kalifornischen Schopfwachteln. Regelmäßig werden nur diese beiden Arten in Europa gezüchtet. Zuweilen erscheinen mal Gambelwachteln und Schuppenwachteln in den Annoncen der Geflügelzeitungen.

Beschreibung der *Coturnix*- sowie der Zahnwachteln

Wachteln sind den Rebhühnern sehr ähnlich, haben allerdings relativ längere Flügel und einen kurzen Schwanz. Die Wachteln haben ungespornte Läufe und sie baumen nicht auf, sondern sind Bodenbewohner.

Die Zuordnung der *Coturnix*-Wachteln kann mit Hilfsmitteln erfolgen, die dann als Schlüssel dienen (siehe Tabelle 4).

Vom gleichen Autor noch einige Gewichte und Maße der wilden Vertreter von Europäischer Wachtel (E) und Japanwachtel (J):

Tabelle 5:
Merkmale zur Unterscheidung von Europäischer (E) Wachtel und Japanwachtel (J) (nach Johnsgard 1988)

Schwungfedern	Hahn	E: 110–115 mm	J: 92–101 mm
	Henne	E: 107–116 mm	J: 93–101 mm
Schwanzfederlänge	Hahn	E: 31–38 mm	J: 35–49 mm
	Henne	E: 36–44 mm	J: 36–49 mm
Gewicht	Hahn	E: 90 g	J: 90 g
	Henne	E: 90 g	J: 90 g
Eimaße		E: 29,7 x 22,8 mm	J: 29,8 x 21,5 mm
Eigewicht		E: 8,5 g	J: 7,6 g

Wie sehen Europäische und wie die wild lebenden Japanwachteln aus? Welche Unterschiede gibt es im Gefieder zwischen den Arten und Geschlechtern?

Bei Robiller (2003) sind diese Wachteln folgendermaßen beschrieben:

„♂: Kopfoberseite mit braunen Spitzen. Von Stirn bis Hinterkopf heller Augenbrauenstreif. Zügel am Auge braun, davor weiß. Ohrdecken braun. Kopf und Kehlseiten weiß, durchzogen von dunkelbraunen bis schwarzen Streifen, am Ohr beginnend. Gleich gefärbter Streifen als Kehlsaum hinter dem Ohr ansetzend. Kehlfleck braun, aber stark variierend. Vorderbrust rostbraun mit weißen Schaftlinien. Vorderrücken, Schulter und Rückenseite mit schwarz gesäumten rotbraunen Federn mit hellem Schaft. Rückenseite dunkel mit Querbinden. Handschwingen braun, äußere mit hellen, innere mit rötlich braunem querfleckigem Außensaum. Armschwingen mit hellen Schäften und schwarzen Flecken. Oberflügel braun mit hellen Schäften und bräunlichen Querbinden. Schwanz und Oberschwanzdecken ebenso gezeichnet und gefärbt. Körperunterseite hell. ♀: wie ♂, Kehle hell, Kropf- und Brustfedern hell mit schwarzbraunen Tropfen. Schnabel graubraun mit schwarzer Spitze. Iris braun. Läufe bräunlich, gelblich bis fleischfarben. Länge 16 bis 18 cm; Gewicht ♂ bis 120 g, ♀ bis 150 g. Dunenküken rostfarben und schwarz längs gestreift. Die Japanwachteln unterscheiden sich in der Gefiederfärbung – Farbenschlag: Wildfarbig – wie folgt: ♂: ähnlich Coturnix coturnix, *aber zum Teil lebhaftere braune Farben und Farbvariationen am Kopf.“*

Je nach Alter der Tiere färbt sich das Gefieder ein. Das erste Jugendkleid, das sie zum Legebeginn zeigen, ist nicht so ansehnlich wie später. Daraus resultieren Farbunterschiede im Bestand.

Verbreitung der Wachteln

Die Verbreitung der Europawachtel reicht von der Iberischen Halbinsel bis nach Vorderindien und von Sibirien bis ans Mittelmeer. Sie überwintern in Afrika in Äquatornähe bzw. in Vorderindien, wenn es sich um die östlichen Populationen der Europawachtel handelt. Die Japanwachtel lebt im Gebiet von Japan bis in die

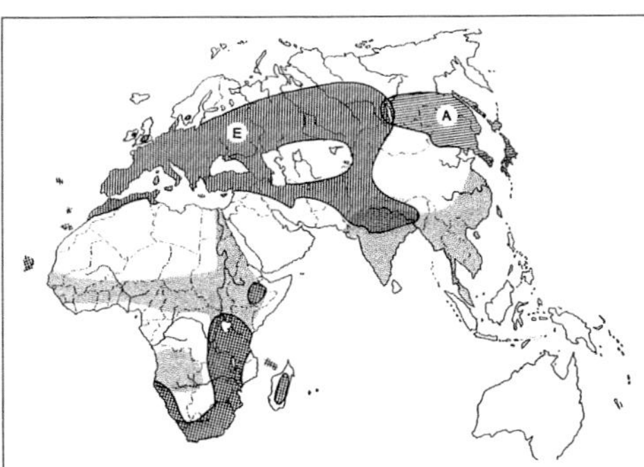

Beschreibung der Karte:
senkrecht gestreifte Fläche
= Europäische Wachtel (E),
waagerecht gestreift
= Japanwachtel (A);
gepunktete Areale
= Überwinterungsquartier
für beide Formen.
Die karierte Fläche zeigt in Afrika festgesetzte Formen der Europäischen Wachtel.

Verteilung der Europäischen Wachtel (E) und der Japanwachtel (A) (nach Johnsgard 1988)

Nordmongolei und Ussurien, weiter bis Sachalin. Sie überwintert in den südlichen Revieren von Japan bis Vietnam und Korea. Es gibt im Bereich um Vorder- und Hinterindien Überlappungsgebiete zwischen den östlichen Formen der Europäischen und den westlichen Populationen der Japanischen Wachtel. Die Namen für Wachteln sind sehr vielfältig und teils auch irritierend. Hier ein paar Beispiele dafür:

Tabelle 6:
Namen und Bezeichnungen für die Wachteln

Europäische Wachtel	Japanische Wachtel
Europäische Wanderwachtel	Asiatische Wanderwachtel
Coturnix coturnix coturnix	*Coturnix coturnix japonica*
Hauswachtel	Zuchtwachtel

Weitere Bezeichnungen:
Gewöhnliche Wachtel, Östliche Gemeine Wachtel, Ägyptische Wachtel, Japanische Graue Wachtel, Graue Wachtel, Japanische Reiswachtel, Madeirawachtel (Name doppelt besetzt), Rotkehlwachtel (Name doppelt besetzt), Pharaowachtel, Mandschurische Wachtel, Regenwachtel, Japanische Regenwachtel, Schlag- oder Schnarrwachtel

In folgenden Sprachen konnte das Wort „Wachtel“ gefunden werden:

Tabelle 7:
„Wachtel“ in anderen Sprachen

Chinesisch:	An-Chun
Japanisch:	Uzura
Dänisch:	Vagtel
Holländisch:	Kwartel, Kwakkel
Englisch:	Quail
Alt-Schottisch:	Quailzie
Französisch, modern:	Caille
Französisch, alt:	Quaille
Italienisch:	Quaglia
Lateinisch:	Quaquila
Polnisch:	Przepiorki
Russisch:	Perepelka
Slowakisch:	Prepelice
Spanisch:	Codorniz
Ungarisch:	Fürj

Die Verwandtschaften zwischen den einzelnen Sprachgruppen sind, wie zu erwarten, auch bei der Einordnung dieses kleinen Vogels zu beobachten.

Das dänische „Vagtel“ zeigt gewisse Ähnlichkeit mit dem deutschen Wort „Wachtel“. In den hier aufgeführten drei slawischen Sprachen gibt es auch gut feststellbare Ähnlichkeiten. Daneben lehnt sich das spanische Wort für die Wachtel dem Lateinischen „Coturnix“ an.

Wilde Japanwachteln

Aus der Natur gefangene Wildwachteln sind in Japan von Kawahara (1971) hinsichtlich der Reproduktionsleistungen mit gezüchteten Legewachteln verglichen worden. Dabei gab es deutliche Unterschiede im Vergleich einiger Merkmale der Fortpflanzung und des Wachstums zwischen beiden Gruppen.

Für das Fangen der Wildwachteln zu diesem Versuch gab es eine Sondergenehmigung vom zuständigen Ministerium mit notwendiger Begrenzung der Tierzahl, des Fangzeitpunktes usw.

Das zeigt, dass auch die Japanische Wildwachtel nicht zu den Allerweltsvögeln gehört, sondern des Schutzes bedarf und ein Fangen nur bei begründeten Arbeiten genehmigt wird.

Zum Fangen der Wildwachteln wurden abends Schlingen aus Rosshaar, die an einer Bambusrute befestigt waren, aufgestellt und früh kontrolliert. Die Rosshaare erlaubten keine Rückwärtsbewegung, waren aber so flexibel, dass die Wachteln sich nicht erdrosselten.

Der Anteil der Nichtleger lag bei den Wildtieren bei 28 Prozent und bei Null in der „zahmen“ Gruppe. Das Erstlegealter war bei den Wildtieren um 35 Tage höher (50 zu 85 Tage). Bei der Legeleistung waren die domestizierten Tiere um 35 besser.

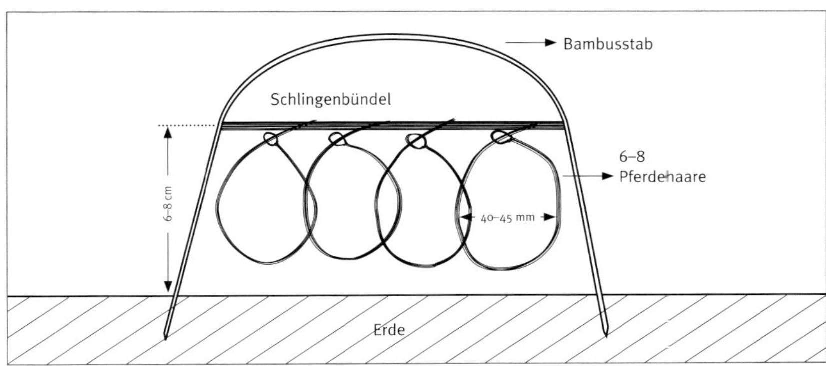

Darstellung einer Wachtelfalle in Japan (nach Kawahara 1971).

Die erwachsenen Tiere hatten im Alter von 16 bis 20 Wochen folgende Gewichte:

Wildwachtel	♂	85 g	♀	100 g
Hauswachtel	♂	104 g	♀	128 g

Diese Gewichtsunterschiede wurden auch durch kürzere Schenkellängen bestätigt.

Wilde Wachteln in Deutschland

Die Europäischen Wachteln sind in deutschen Fluren verbreitet. George (1992) ermittelte zum Beispiel in Sachsen-Anhalt (Magdeburger Börde und Harzvorland) eine Besatzdichte von 4,4 Paaren je 1.000 ha. Das erscheint nicht viel, ist aber doch ganz beachtlich. Hinzu kommt, dass diese Vögel sehr heimlich leben und durch ihr Gefieder ausgezeichnet dem Habitat angepasst sind. Somit sind sie bestens getarnt und oft ist der Wachtelruf das einzige Indiz für ihre Anwesenheit. Der Autor untersuchte dabei beachtlich große Flächen zwischen 1.500 und 3.200 ha. Die Häufigkeit je 1.000 ha lag in den untersuchten Jahren bei 2,12 bis 6,67 Tieren.

Wohin die Entwicklung der wild lebenden Wachteln geht, ist nicht vorauszusehen. Der Strukturwandel der Landwirtschaft in Ostdeutschland etwa und der hier nun ebenfalls gesteigerte Einsatz von Agrochemikalien berücksichtigen kaum die Gefahren für allerlei Kleingetier, wozu man auch die Wachteln zählen muss. Die Unkenntnis über das Vorhandensein von Wachteln in der Natur ist eigentlich nicht nachvollziehbar. Andererseits ist dieser scheue Vogel auch leicht zu übersehen oder wird von Nichtkennern nicht wahrgenommen – und das trotz der markanten Stimme.

Bei Tierzählungen in der Natur ist es zweifellos so, dass nicht jede Wachtel erfasst werden kann, aber trotzdem wurde über die Jahre eine annähernd gleichbleibende Anzahl an Wachteln ermittelt, was insgesamt erfreulich ist.

Zur Arterhaltung der Wachteln wird in Deutschland wenig getan. In einigen Bundesländern werden Wachteln gar nicht als Jagdwild geführt und sind dann sicher auch nicht geschützt. In Südeuropa gibt es zwar begrenzte Abschusszeiten, aber wenn diese von August bis Dezember reichen, kann das auf Dauer für die Art tödlich sein.

Wie so oft bei Vogelrufen üblich, ist auch der Wachtelruf „eingedeutscht" worden und soll heißen: „pickwerwick – Grüß-Dich-Gott". In der Exkursionsfauna von Stresemann kann man „pickperwick pickperwick" als Wachtelruf finden, aber auch „pickberwick-pickberwick" wird als Ruf gehört. Wer den Wachtelruf in Deutschland schon einmal gehört hat, wird dem zustimmen. Eigene Erfahrungen waren dabei noch möglich. Wer Gelegenheit hatte, Europäische und Japanische oder sicher richtiger domestizierte Hauswachteln gleichzeitig und damit nebeneinander zu hören, wird festgestellt haben, dass die Hauswachtel einen deutlich schnarrenden Ruf hat.

Bei domestizierten Wachteln gibt es hinsichtlich der Tonlage des Krähens zwischen den Gewichtsgruppen erhebliche Unterschiede: Leichte Typen haben eine höhere Stimme (Tenor) als die schweren Fleischwachteln, die eher im Bassbereich liegen. Das ist ähnlich wie beim Haushuhn, bei dem die schweren Hähne einen sehr dunkel eingefärbten Krähton von sich geben, während die kleinen Urzwerghähnchen enorme Höhen an der Tonleiter erobern.

Gezielte Untersuchungen zur Besatzdichte fehlen für zahlreiche Vogelarten und spezifische Vertreter der Arten in den verschiedensten Regionen. Die Anwesenheit oder das Fehlen bestimmter Vogelarten und Vogelgesellschaften gibt Aufschluss über deren Zustand und über den Bestand der Region, die sich durch geänderte Ackerkulturen oder größere Siedlungsdichte, möglich auch durch den Bau von Autobahnen, die Neuanlage von Flugplätzen oder den Wasserlauf usw. stark verändern kann.

Wachteln als Zugvögel

Dass die Wachtel ein Zugvogel ist, glaubt mancher nicht, besonders wenn man nur Zuchtwachteln kennt. Zudem haben sich bei den Hobbyhaltern die eher schweren Wachteln durchgesetzt. Von diesen Typen ist natürlich kaum ein Flug über längere Strecken zu erwarten. Sie sind eher „Laufvögel" geworden.

Die Gefahren, denen die Wachteln ausgesetzt sind, bevor sie ihr Winterquartier in Nordafrika erreichen, sind nicht unerheblich. In der Bibel beispielsweise wird das Ende des Wachtelfluges über das Mittelmeer so beschrieben:

„Da erhob sich ein Wind, vom Herrn gesandt,
und ließ Wachteln kommen vom Meer
und ließ sie auf das Lager fallen,
eine Tagesreise weit rings um das Lager,
zwei Ellen hoch auf die Erde." (4. Mose 11,13; aus George 1992)

Auch wenn man die alten Schriften nicht immer allzu wörtlich nehmen darf, wird doch recht deutlich, dass eine nicht gerade geringe Anzahl Wachteln in ihr Winterquartier nach Nordafrika zog und mit Sicherheit gar mancher vom Flug geschwächte Vogel in der Bratpfanne oder im Suppentopf endete oder wie auch immer der menschlichen Ernährung diente.

An dieser Stelle darf nicht unerwähnt bleiben, dass die Silhouette der Wachtel im Schriftzeichenalphabet der Ägypter (bereits 2000 v. Chr.) für den Buchstaben

„W“ genutzt wurde. Auch das ist sicher ein Beweis für die Wachtelzüge vom Norden nach dem Süden, die in den damaligen Zeiten zweifellos ausgeprägter waren als heute.

Die in unseren Regionen gehaltenen Zuchtwachteln, auf Grundlage der Japanischen Wachtel, zeigen kaum ein Wanderverhalten. Es ist aber nicht so einfach, das klar auszusagen, denn um das festzustellen, bedarf es exakter Beobachtungen und Untersuchungen. Bemerkenswert ist übrigens die Tatsache, dass dieser seit mehreren hundert Generationen im Käfig gehaltene Vogel, sobald er die Möglichkeit hat, ein Sandbad annimmt und es anscheinend genießt, obwohl möglicherweise über viele Generationen oft dazu keine Möglichkeiten vorhanden war. Daher muss man auch mit der Aussage, dass domestizierte Wachteln im Herbst keinerlei Wandertrieb haben, vorsichtig sein.

Generationen

Die Domestikation liegt viele Generationen zurück, denn Wachteln sind nicht nur kurzlebig, sondern auch sehr frühreif und üblicherweise rechnet man bei Hauswachteln mit 2,5 bis drei Generationen je Jahr. Für die Spezies „Mensch“ sind seit Konfuzius (551 bis 479 v. Chr.), so hat man gerechnet, ganze 75 bis 80 Generationen vergangen! Für die Wachteln ergibt die Zeit von ihrer Nutzung durch Menschen bis jetzt 1000 Jahre. Bei zwei bis drei Generationen je Jahr ist das Ergebnis gewaltig: 2.500 bis 3.000 Generationen.

Diese Kurzlebigkeit und die relativ kurze Fruchtbarkeitsphase sind Grund, die Frage zu stellen, ob das für die *Coturnix*-Wildwachtel – sie ist eindeutig ein Zugvogel – gleichfalls zutrifft. Das würde bedeuten, dass nur die Jungtiere nach dem Süden fliegen und mit viel Glück zurückkommen und die Elterntiere im europäischen Winter Probleme haben.

Die Lösung dieser Frage ist sicher weniger kompliziert zu sehen, denn die Erkenntnisse der relativ kurzen Zuchtfähigkeit beziehen sich auf die intensiv gehaltenen Hauswachteln und wohl kaum auf die als „extensiv“ zu bezeichnenden Wildwachteln.

Bekannt ist, dass vor Beginn der Herbstwanderung die Tiere ausreichend Fett angesetzt haben müssen und das auch tun und in der Getreideerntezeit die Möglichkeit dazu haben. Das ist bei Hähnen und Hennen gleichermaßen so.

Gleichzeitig sinkt die Menge des ausgeschütteten Luteinisierungshormons (LH) und logischerweise reduziert sich damit bei den Hennen das Follikelvolumen. Der umfangreiche Legeapparat ist auf Pause eingestellt und wiegt entsprechend wenig im Vergleich zu dem Gewicht der Legeorgane in der Zuchtperiode.

Die wichtigen Flügelfedern (Handschwingen) sind gleichfalls vor Flugbeginn in bester Verfassung.

Lebensdauer

Zum mittleren und maximalen Lebensalter bei Japanwachteln sind wenige Untersuchungen bekannt und beziehen sich auf Tiere, die man als Hauswachteln einstufen muss.

Eigene Beobachtungen ergaben bei Käfigeinzelhaltung eine mittlere Lebensdauer von 466 Tagen mit einer Variation von 152 bis 1.004 Tagen. Dabei wurde eine mittlere Gesamtleistung von 271 Eiern mit der Variation von 62 bis 451 Eiern beobachtet.

Bei Käfiggruppenhaltung starben die ältesten Tiere mit 1.192, 1.311 bzw. im dritten Versuch mit 1.382 Tagen. Die gehaltenen Hennen legten im ersten Jahr im Mittel 216 Eier und im zweiten Jahr 104 Eier, was in etwa 48 Prozent in Bezug zum ersten Lebensjahr entspricht. Ein anderer Bericht gibt bei einer ähnlichen Fragestellung 274 Eier im ersten Jahr an. Bei Bodenhaltung in der Voliere ist ein maximales Lebensalter von drei bis vier Jahren erreicht worden.

Bei Tageslicht und ganztägiger Nutzung von UV-Beleuchtung fand man bei Hennen eine mittlere Lebensdauer von 819 Tagen und bei Hähnen von 1.157 Tagen. Dabei wurden die Wachteln in einem Käfig gehalten, und das bei Tageslicht und durchgängiger Nutzung von UV-Beleuchtung. Im Alter von 793 Tagen legte eine Henne ihr letztes Ei und im Alter von 1.345 Tagen wurde die letzte Kopulation eines Hahnes festgestellt. Es wurde allerdings nur ein relativ kleiner Bestand von fünf Hähnen und neun Hennen gehalten. Diese 14 Tiere hatten eine Fläche von 0,5 m^2 zur Verfügung. Die Umweltmerkmale beeinflussen die durchschnittliche Lebensdauer der Wachteln erheblich.

Wachtelproduktion in Japan

In den 1950er-Jahren wurden in Japan die Wachteln rein zahlenmäßig nach den Haushühnern die zweitwichtigste Geflügelart, und das trotz der großen Ausfälle im Zuchtbestand als Folge des Zweiten Weltkrieges.

Eine Übersicht über das „Sondergeflügel" in Japan zeigt dies deutlich (Tabelle 8):

Tabelle 8:
„Sondergeflügelproduktion" in Japan (nach Shanaway 1994)

	Zahl der Tiere in 1.000				
Jahr	Wachteln	Enten	Puten	Gänse	Perlhühner
1979	6.279	113	22	1	24
1980	6.432	112	9	1	33
1981	6.325	119	8	12	25
1982	5.828	139	19	10	15
1983	7.165	–	3	11	5
1984	8.462	121	5	8	15
1985	7.629	–	–	–	–
1987	4.784	–	–	–	–
1990	7.446	–	–	–	–

Es ist eine relativ konstante Anzahl Wachteln angegeben, wobei es kleinere Schwankungen gibt, die zuweilen durch unterschiedliche Erfassungsmethoden entstehen können.

Besonders in der Region Aichi ist eine Konzentration von Wachteln zu beobachten, denn drei Viertel aller Wachteln werden dort gehalten. Gleichermaßen auffällig ist, dass es sich bei der Präfektur Aichi um eine Region handelt, in der eine intensive Produktion betrieben wird, denn 75 Prozent der gehaltenen Wachteln konzentrieren sich auf 50 Prozent der Betriebe. Das Absatzgebiet ist im Ballungszentrum Japans gelegen. Daraus resultieren die relativ wenigen Betriebe bei hohen Tierzahlen. Andererseits sind dadurch ausreichend Kunden in Reichweite (Tokio).

Zucht von Wachteln in Europa und ihre Nutzung in Forschung und Lehre

In Europa begann die stärkere Nutzung der Wachteln um 1960, also in einer Zeit, als sie auch als Labortiere interessant wurden. Sicher erfolgte auch durch Ziergeflügelzüchter eine frühzeitige Verbreitung. Ähnlich wie andere Hühnervögel wurden sie als Volierentiere nutzbar gemacht und sie werden besonders interessant, wenn es gelingt, noch selbst brütende Wachteln darunter zu finden. Das ist trotz hoher Legeleistung möglich, wie auch beim Legehaushuhn bekannt. Es ist zu vermuten, dass vor allem unter den schwereren Typen mögliche Hennen zu finden sind, die das „Brutgeschäft" eventuell selbst erledigen. Eigene Erfahrungen bestätigen diese Annahme.

Zuerst kamen Legewachteln nach Europa. Mastwachtelpopulationen entstanden im Nachhinein durch Selektion bzw. durch Import von Zuchttieren vor allem aus den USA.

In der Geflügelforschung spielen Wachteln eine nicht geringe Rolle. Man kann von Wachteln bei intensiver Haltung bis zu fünf Generationen im Jahr nachziehen. Das ist bei bestimmten Versuchen machbar. In der Regel erhält man drei bis vier Generationen und hat damit drei- bis viermal die Möglichkeit zu selektieren. Beim Huhn kommt man unter idealen Bedingungen auf bestenfalls 1,5 Generationen pro Jahr. Bei anderen Geflügelarten ist das Generationsintervall im Vergleich dazu noch ungünstiger.

Für die Wachtel als Versuchstier spricht insgesamt:

1. Die geringe Größe erfordert weniger Platz als für anderes Geflügel.
2. Wachteln fressen wesentlich weniger als Haushühner. Bei teuren Einzelkomponenten sind damit die Kosten erheblich niedriger zu halten als mit anderem Geflügel.
3. Das kurze Generationsintervall (drei bis fünf Generationen im Jahr).
4. Die kürzere Brutdauer als bei Hühnern (17 Tage : 21 Tage) und die ausgesprochene Frühreife im Vergleich zum Huhn (6 Wochen : 22 Wochen).
5. Die Legeleistung und das Wachstum sind beachtlich und resultieren aus den intensiven physiologischen Abläufen.
6. Wachteln sind wertvolle Versuchstiere für die Genetik, die Ernährungswissenschaft, weite Bereiche der Physiologie, der Pathologie, der Toxikologie, der Embryologie und auch in der Verhaltensforschung.
7. Es wurden spezielle Linien für die unterschiedlichsten Fragestellungen und Forschungsschwerpunkte entwickelt.

Die Wachtel ist aber nicht nur Modell für das Geflügel allgemein, sondern auch ganz speziell für den Menschen. Als Beispiel dazu sei der Einsatz in der Arterioskleroseforschung genannt. Hier kommt vor allem die rasche Generationsfolge zur

Wirkung. Es konnten zum Beispiel Linien mit hoher bzw. niedriger Arterioskleroseanfälligkeit etabliert werden.

Wachteln hält man nicht nur als Labortiere oder als Hobbytiere in Volieren, sondern mit Wachteln lässt sich eine akzeptable landwirtschaftliche Produktion in Form einer Nischenproduktion aufbauen. Sowohl die vielfältig gezeichneten Eier – jede Henne hat quasi ihr eigenes Muster – als auch das Fleisch finden genügend Abnehmer. Beim Eierabsatz gibt es gewisse jahreszeitliche Schwankungen, die bei der Wachtelfleischproduktion wenig bis kaum zu beobachten sind.

Seit 1960 werden Wachteln auch verstärkt in Europa gezüchtet. Hervorzuheben sind das kurze Generationsintervall (drei bis fünf pro Jahr) und die kostengünstige Fütterung. Dies macht die Zucht sowohl für Hobbyzüchter als auch für Fleisch- und Eierproduzenten und die Wissenschaft interessant.

Typisch für die Hühnervögel ist im Allgemeinen, dass sie Nestflüchter sind und trotz Federflaum, der mehr oder weniger schnell den sich entwickelnden Federn weicht, anfangs Wärme nötig haben. Wachteln haben ein enormes Wachstumspotenzial, sind mit zwei Wochen zugefiedert und eigentlich schon bedingt flugfähig.

Aus der Sicht der Ernährung ist zu bemerken, dass sie Allesfresser sind mit einem vergleichsweise geringen Vermögen, rohfaserreiche Nahrung zu verwerten. Also benötigen sie das, was landläufig als Konzentrat- oder Kraftfutter bekannt ist. Dazu gehören auch Sämereien der verschiedensten Art und natürlich die verschiedenen Formen von Insekten, vom Ei bis zum fertigen Imago (geschlechtsreifes Insekt). Die Größe der Tiere erfordert ein mehr oder weniger kleinkörniges Futter. Man sollte also bei Fütterung von Sämereien darauf achten, dass die Körner maximal kleine Weizenkorngröße haben.

Gute Erfahrungen liegen über die Nutzung als Ausbildungsmodell vor. Viele Fakten, die für das Versuchstier „Wachtel“ sprechen, sind auch auf das Ausbildungsmodell „Wachtel“ übertragbar.

Es ist leicht möglich, innerhalb einer Ausbildungswoche kleine Fütterungsversuche von den Lehrlingen anstellen zu lassen: von der Planung bis zur Durchführung. Aber auch Fragen wie Feststellen der Dottermasse, der Eischalenstärke oder des Fleischansatzes sind mit geringen Kosten durchführbar. Mit den selbst gewonnen Werten können dann Relativzahlen berechnet werden. Es ist ein weites Feld, das sich da bearbeiten lässt und leider noch zu wenig genutzt wird.

Die Tatsache, dass Wachteln mit Futter rein pflanzlicher Herkunft gut zu halten sind, macht sie ebenso als Lieferant von Bio-Eiern interessant. Auch die Fähigkeit, in einem Jahr mehrere Generationen ziehen zu können, garantiert eine schnelle Umstellung von konventionellen auf ökologische Haltungsprinzipien.

In der Blütezeit der Wachtelzucht in den USA gab es sogar die Zeitschrift „Quail Quarterly“.

Haltung anderer *Coturnix*-Wachteln und Zahnwachteln

Von den *Coturnix*-Wachteln werden neben den Japanwachteln vor allen Dingen die Chinesischen Zwergwachteln gezüchtet. Zuweilen bekommt man noch Harlekinwachteln angeboten. Nicht selten werden Japanwachteln als Japanische Regenwachteln angeboten.

Coturnix-Wachteln

Harlekinwachteln sind Bewohner Afrikas und südlich des 15. Breitengrades in den Steppen und Savannengegenden angesiedelt. Natürlich sind sie auch in geeigneten landwirtschaftlichen Kulturen zu finden. Typisch sind der dunkel eingefasste und geteilte weiße Kehlfleck der Hähne sowie der bräunliche, schwarz getupfte Seitenhals, der bei diesen in eine schwarz gefärbte Brust übergeht. Die Hennen sind heller gefärbt und haben eine bräunliche Brustzeichnung mit weißem Saum. Der Ruf dieser Zugvögel ist mehr metallisch klingend. In der Aufzucht und der Haltung sind sie ähnlich wie Japanwachteln zu behandeln. Das trifft ganz besonders auch auf die Ernährung zu.

Die bodenbewohnenden Japanwachteln sind die am häufigsten gezüchteten Wachteln und zeichnen sich durch eine gute Vermehrungsrate aus.

Die **Schwarzbrustwachtel** lebt in Pakistan, Indien, Bangladesch und Birma und wird auch bis in Höhenlagen des Himalajas bis zu 2.000 m über N. N. beobachtet. In Deutschland wird sie unter der Bezeichnung **Regenwachtel** geführt und sie wird auch als **Koromandelwachtel** beschrieben.

Der Name Regenwachtel ist nicht umsonst vergeben worden. Den Regenwachteln sagt man nach, dass sie gern mal ein Bad nehmen, so sich die Gelegenheit bietet. Die Haltung ist wie bei der Japanwachtel zu empfehlen.

Chinesische Zwergwachteln zu betrachten, wenn sie Nachwuchs haben, ist eine besondere Freude. Diesen lebhaften kleinen Hühnchen und Hähnchen zuzuschauen ist ganz besonders amüsant.

Die beiden Zwergwachtelarten, chinesische und afrikanische Variante, sind knapp halb so groß wie die europäischen Wachteln.

Die Hähne dieser Wachtel sind kleine Kämpfer, die ihr Weibchen bis aufs Blut verteidigen. Trotzdem kann es vorkommen, und das ist auch bei der anderen Wachteln so, dass sie von ihrer Henne tüchtig gehackt werden und teilweise ihre Anhänglichkeit mit dem Leben bezahlen müssen. Sie sind dunkel gefärbt in den Nuancen

Zwergwachteln in einer herbstlichen Voliere.

von Grau bis Braun. Am Kopf und der Vorderpartie überwiegen bei den Hähnen die blaugrauen Töne. Typisch sind die Zeichnungen im Kopfbereich in schwarzer und weißer Färbung. Die Hennen sind braun mit angedeuteter Hahnenzeichnung. Bei den afrikanischen Zwergwachteln sind die blauen Töne stärker vertreten. Sie legen olivbraune Eier, die dunkel getupft sein können. Die Eier wiegen 4 bis 5 g.

Zahnwachteln

Die Zahnwachteln unterscheiden sich von den Japanwachteln durch das Aufbaumen. Sie werden in Amerika als Jagdwild gezüchtet, aber auch als Masttiere gehalten. Hobbyzüchter bevorzugen speziell Kalifornische Schopfwachteln.

Die **Zahnwachteln** werden auch amerikanische Wachteln genannt, denn es sind die einzigen Wachtelvertreter auf diesem Kontinent.

Am bekanntesten aus der Unterfamilie der Zahnwachteln sind die **Baumwachteln** (amerikanisch: Bobwhite), die **Schopfwachteln** und die **Gambelwachteln**. Baumwachteln werden nicht nur von Hobbyzüchtern gehalten, sondern auch im großen Stil vermehrt und als Wild vor Federwildjagden freigelassen.

Zahnwachteln baumen in der Regel auf – im Gegensatz zu den *Coturnix*-Wachteln, die Bodenbewohner sind. Daher wirken sie auch etwas eleganter und fliegen besser. Die Stirn bei den Baumwachteln ist schwarz, die Kopfoberseite besteht aus schwarzen, rostrot gefleckten Federn. Oberhals und die Halsseiten sind weiß, schwarz und braun gefleckt. Die weiße Kehle wird von einem schwarzen Band umsäumt, das vom Schnabelwinkel unter dem Auge entlang bis zu den braunen Ohrdecken reicht.

Kalifornischer Schopfwachtel-Hahn (Callipepla californica).

Kropf und Brustseiten sind weinrötlich braun gefärbt und nach hinten hin bräunlich weiß auslaufend. Zur Bauchmitte ist das Gefieder weiß mit schwarzen fleckenförmigen Federn durchfärbt. Der Unterbauch ist braun und weiß, teils auch schwarz gefärbt. Der Oberrücken und die Flügeldeckfedern haben die gleiche Färbung wie der Kopf. An den Seiten sind die Hähne grau getönt mit schwarzer Querbänderung. Die Oberseite ist olivgrün mit schwärzlich grauer, rostbräunlicher Fleckung. Der Schwanz ist schiefergrau hell gefleckt und der Unterschwanz hellrostfarbig mit

Berghaubenwachtel (Oreortyx pictus), *ebenfalls eine Zahnwachtel.*

Kalifornische Schopfwachtel-Henne.

Kopfporträt einer Schuppenwachtel (Callipepla squamata), *die zu den Zahnwachteln zählt.*

weißlich gelben Spitzen. Die Hennen sind bräunlicher, schwarze Federn sind am Kopf begrenzt und weiße Federn fehlen.

Bei den **Baumwachteln** gibt es zwei aus wirtschaftlicher Sicht wichtige Unterarten. Zum einen sind es die **Östlichen Baumwachteln**, die in Nordflorida leben, und die **Floridabaumwachtel**, die in Zentral- und Südflorida beheimatet ist. Die Floridabaumwachtel ist die dunklere Variante von beiden. In entsprechenden Zuchtfarmen werden sie in Zuchtkäfigen gehalten und im Verhältnis von 1 : 1 bis 1 : 4 verpaart. Es gibt spezielle Fütterungsprogramme und Beleuchtungsregler, die eng an die noch zu beschreibende Japanwachtelhaltung angepasst sind.

Das Brut- und das Aufzuchtmanagement sind wiederum ähnlich dem der Japanwachtel. Der wesentliche Unterschied liegt in der Brutdauer, denn die Baumwachteln brüten 23 bis 24 Tage. Die Eier sind spitz- bis kurzoval und weiß gefärbt.

Mit 16 bis 20 Wochen sind die Baumwachteln zuchtreif. In einer Zuchtperiode von sechs Monaten erwartet man von guten Hennen 150 Eier und daraus 110 bis 120 Küken. Insgesamt liegen allerdings die Leistungen bei 75 Eiern. Als Platzbedarf sind für Küken bis 44 Stück je m^2 empfohlen. Von der 3. bis Ende der 6. Lebenswoche sind es 33 Stück und danach soll man nicht mehr als 20 bis 22 Tiere je m^2 halten. Die Fressplatzbreite sollte für die drei Kategorien 1,3 cm, 2 cm und 2,5 cm betragen und eine Tränkplatzbreite 0,6 cm, 0,6 cm und 0,7 cm bereitstehen.

Die von amerikanischen Autoren empfohlenen Richtzahlen sind für eine Haltung auf Draht- oder Plastikrosten ausgelegt. Das Gewicht erwachsener Baumwachteln liegt bei 190 bis 220 g. Das sind Gewichte, wie sie von mittelschweren selektierten Japanwachteln bekannt sind. Vor dem Auswildern, also dem Freilassen, werden sie in langen Volieren trainiert, damit sie auch ihre Flügel gebrauchen können, wenn die Freiheit naht.

Wie oft bei gezüchtetem Wildgeflügel gibt es für die Baumwachteln einige Farbvarietäten, die von Interessenten weiter vermehrt wurden. Bekannt sind neben den wildfarbigen noch weiße, hellwildfarbige und dunkelwildfarbige und bis ins rötliche gehende Gefiederfärbungen. Für die Mast werden die weißen Baumwachteln bevorzugt, weil beim Schlachtprozess die Rupfung weniger problematisch ist. Es bleiben bestenfalls mal weiße Federchen in der Haut, was nicht so schnell auffällt.

Baumwachtel-Hahn – der Name sagt bereits, dass diese Wachteln aufbaumen.

Eine Basis für die Zucht unterschiedlicher Farbenschläge sind schon die farblichen Unterschiede zwischen den Unterarten.

Bei den Baumwachteln unterscheidet man **Virginia-, Texas-, Kuba-** und **Schwarzmaskenwachteln**. Bei Hobbyzüchtern sind die **Kalifornischen Schopfwachteln** sehr beliebt. Die **Zahnwachteln** unterteilt man gewöhnlich in **Baumwachteln, Schopfwachteln** und **Langschwanzwachteln**. Es sind auch **Singwachteln** bekannt. Diese sind aber nicht zu verwechseln mit den auf Gesangsleistung ausgelesenen Japanwachteln in früheren Jahrhunderten.

Die **Schopfwachteln**, und hier die **Kalifornischen Schopfwachteln**, sind durch schöne Schöpfe oder Helme gekennzeichnet und haben Gesichtsmasken, die aus schwarzen, weißen und geschuppten Abschnitten bestehen. Die Oberbrust ist beim Hahn blaugrau. Die Brustmitte ist kastanienfarbig mit schwarzen Säumen versehen. Der Schwanz ist grau und der Rücken grau mit Nuancen von schwarzen Zeichnungsmustern.

Die Henne ist weniger deutlich gefärbt und hat auch einen kleineren Schopf. Die Zeichnung ist unschärfer und ins Graubraun bis Oliv gehend.

Das Gelege besteht aus rahmweißen Eiern mit dunkelbraunen Flecken. Die Eier werden 21 bis 22 Tage bebrütet.

Die **Douglaswachtel** ist der kalifornischen Art ähnlich, wirkt aber gedrungener durch kürzere Läufe und einen kürzeren Schwanz.

Die **Gambelwachtel** ist heller gefärbt, hat einen höheren Schopf und mehr kastanienbraune Töne im Kopfbereich.

Die **Schuppenwachteln** haben kurze Schopffedern, einen bräunlichen Schopf, schwarz gesäumte (geschuppte) Halsfedern und einen hell gesäumten Bauch sowie einen bräunlich olivfarbenen Rücken.

Zucht und Genetik

Bei der Züchtung von Tieren und Pflanzen liegt das Hauptaugenmerk, abgesehen von der Arterhaltung, in der Regel auf der Erhaltung und möglichst der Verbesserung der Nutzleistung. Das betrifft bei Wachteln unter anderem Merkmale wie Legeleistung, Futterverbrauch, Eigewicht, Körpergewicht und Fleischansatz.

Die Auswahl der Zuchttiere setzt voraus, dass man die Tierart bzw. Rasse oder Nutzungstyp kennt und weiß, was normal ist. Es kann auch innerhalb eines Reglements von Zuchtorganisationen eine Auswahl vorgenommen werden.

Der erste Blick muss auf das gesamte Tier gerichtet werden: Ist es typisch oder gibt es leichte oder deutliche Abweichungen vom Normalen. Bei dieser Kontrolle sieht man auch, ob das Tier gesund ist oder von der Norm abweicht. Die Größe sollte nicht vergessen werden. Wenn man ständig nur die Größten ausgelesen hat, muss man sich nicht wundern, dass das Futter schneller aufgefressen wird, denn große Wachteln fressen mehr als kleine Vögel. Wenn das Gefieder in Ordnung ist, sollte man den Kopf genauer ansehen und nach dem Zustand der Augen und des Schnabels sehen. Gleichermaßen müssen die Füße beachtet werden. Sie sollten keine übergroßen Fußballen haben und die Zehen müssen vollzählig und intakt sein. Nicht zuletzt: Das Geschlecht muss kontrolliert werden. Man muss wissen, wie viele Tiere man für die Fortführung der eigenen Zucht benötigt.

Voraussetzung für eine erfolgreiche Zucht sind die Kenntnis und konsequente Anwendung der Vererbungslehre. Eine lückenlose Dokumentation des Zuchtgeschehens ist für die Auswertung von unschätzbarem Vorteil.

Die Auswahl betreffend gibt es in der Geflügelzucht zahllose Beispiele, bei denen es vor allem auf die äußere Form und Farbe ankommt. Damit beschäftigen sich unter sehr unterschiedlichen Gesichtspunkten sowohl die Wirtschaftsgeflügelzüchter als auch die Rassegeflügelzüchter und die Ziergeflügelzüchter bzw. viele an der Haltung und der Ausstellung von Vögeln interessierte Menschen.

Ganz gleich aber, welches Zuchtziel besteht, es geht in der Zucht um Qualitäten und Quantitäten.

Qualitativ oder nach den Mendel'schen Regeln vererbt wird beispielsweise die Gefiederfarbe oder die Grundfärbung der Eier, wie es zum Beispiel bei Haushühnern weiß-, braun- und grünschalige Eier gibt. Derartige Varianten gibt es auch bei Wachteln.

Die Quantitative Vererbungslehre (Populationsgenetik) ergründet vor allem den Erblichkeitsgrad und die Verbesserung von Merkmalen. Während eine oder wenige Erbanlagen für die genannte Gefiederfarbe zur Ausprägung notwendig sind, gibt es für Leistungsmerkmale mit großer Wahrscheinlichkeit zahlreiche Gene, die sich je nach Umwelt und anderen Faktoren in ihrer Wirkung zeigen können. Die Umwelt beeinflusst die Ergebnisse der Qualitativen oder klassischen Genetik weniger. Dagegen sind die quantitativen Merkmale unterschiedlich stark von Umweltfaktoren wie Futter, Temperatur, Luftfeuchte, Strahlung und belebten Faktoren sowie anderen Effekten abhängig. Die Quantitative Genetik klärt ihre Probleme durch Ergebnisse von mehreren Lebewesen, also von der jeweiligen Population. Daher der Name „Populationsgenetik".

Will man über Jahre eine erfolgreiche Wachtelzucht betreiben und nicht in gewissen Abständen Zuchttiere oder Bruteier aus fremden Zuchten zukaufen, muss man die Grundzüge der Vererbungs- und der Zuchtlehre kennen und anwenden. Das geht so weit, dass man sich aufgrund dieser Kenntnisse erarbeiten kann, wie viele Zuchttiere ausgelesen werden müssen und welches Zuchtverfahren infrage kommt.

Wachteln bieten durch ihre Gefiedervarianten neben der Leistungszucht (Legeleistung, Wachstum) sehr interessante Möglichkeiten der gezielten Zucht auch in Kleinstbeständen. Neu entwickelte Kombinationen unter Nutzung der Möglichkeiten der Farbgene können neue Farbenschläge hervorbringen, die dann auch wirtschaftlicher und leichter zu verkaufen sind.

Für derartige Untersuchungen oder genetische Experimente muss man einige Voraussetzungen schaffen. Im Einzelnen sind das die nachfolgenden Maßnahmen, die unter den Begriff der „Dokumentation" fallen, denn eine Grundregel für den Züchter heißt nicht umsonst: „Wer schreibt, der bleibt." Im Elektronikzeitalter ändert sich an diesem Grundprinzip nichts. Im Gegenteil, die Möglichkeiten erhöhen sich nicht unerheblich. Das betrifft sowohl die Formen der Datenerfassung als auch den Kreis der Auswertung, der teils gigantisch angestiegen ist.

Wichtig ist die Tatsache, dass das Geschlecht bei Vögeln und damit auch bei Wachteln anders vererbt wird als bei Säugetieren. Säuger haben zum normalen Chromosomensatz, der doppelt existiert, noch ein X- und/oder ein Y-Chromosom (XY); Letzteres ist nur bei den männlichen Tieren vorhanden. Die weiblichen Säugetiere haben zwei X-Chromosomen (XX). Dagegen besitzen die Vögel statt dieser zwei nur ein Geschlechtschromosom – quasi Xo. Das bedeutet: ein Chromosom und kein Chromosom. Letztere Konstellation trifft für die Hennen zu. Die Hähne haben die XX-Kombination. Daraus leiten sich dann die Fragen der geschlechtsgebundenen Erbgänge ab, die wirtschaftlich bei der Geschlechtserkennung und Sortierung relevant sind und sich möglicherweise auch einmal auf das Erkennen des Geschlechts am Ei erweitern werden. Das ist ein seit Jahrhunderten vorhandener Wunsch vieler Züchter und Halter.

Aus mancher anfangs rein züchterischen Spielerei ist oft ein Faktor entstanden, der wirtschaftlich erhebliche Auswirkungen hatte. Dabei ist zum Beispiel an die Kennfarbigkeit beim Geflügel zu denken.

Dokumentation und Kennzeichnung

Die wichtigste Grundlage für die Dokumentation ist die Kennzeichnung. Ohne diese sind keinerlei Daten sicher erfassbar und somit keine geregelte Zucht möglich. Man kann sich zweifellos von wenigen Tieren, die sich farblich noch unterscheiden, die wichtigsten Angaben merken, aber über Generationen und mit größeren Tierzahlen ist das nicht möglich.

Die Kennzeichnung beginnt bei den Eintagsküken, ist aber wegen ihrer winzigen Größe nicht unproblematisch. Bewährt hat sich, maximal sechs bis acht Nachkommenschaften in einer Aufzuchtbox unterzubringen und die Geschwistergruppen mit Farben (Fuchsinphenollösung) zu kennzeichnen. Dabei bietet sich an, die Färbung folgendermaßen vorzunehmen:

Geschwistergruppe 1: ohne Kennzeichnung
Geschwistergruppe 2: rechter Flügel eingefärbt
Geschwistergruppe 3: linker Flügel eingefärbt
Geschwistergruppe 4: Kopfoberseite eingefärbt
Geschwistergruppe 5: Schwanz eingefärbt
Geschwistergruppe 6: rechter und linker Flügel eingefärbt, usw.

Wie zu sehen ist, kann diese Reihe noch fortgesetzt werden, denn es gibt noch eine Reihe von Kombinationsmöglichkeiten. Praktisch erfolgt das mithilfe eines kleinen Pinsels.

Mit Fuchsinphenollösung lassen sich Küken an unterschiedlichen Stellen zur leichteren Unterscheidung der Abstammung gut markieren.

Die Farbmarkierung der Küken, die preiswert und mit etwas Geschick und Übung leicht und exakt durchzuführen ist, hält mindestens drei Wochen. Es gibt im Spezialhandel selbstverständlich Kükenmarken für Wachteln. Wer allerdings weiß, dass es zuweilen schon Probleme macht, Zwerghuhnküken mit größengerechten Kükenmarken zu versehen, wird bei dieser nicht billigen Variante der Kennzeichnung erst recht Probleme erwarten. Voraussetzung für diesen notwendigen Aufwand ist natürlich, dass die Bruteier auch entsprechend nach der Herkunft gesammelt und sortiert gelagert werden.

Im Alter von zwei bis drei Wochen kann man die Jungtiere beringen. Damit ist eine lebenslange Markierung gesichert. Es ist nun notwendig, die richtige Ringgröße zu finden. Für reine Legewachteln sind Ringe mit einem Innendurchmesser von 6 mm geeignet. Fleischwachteln benötigen allerdings Ringe mit 7 oder 8 mm Öffnung. Die Ringe kann man durchnummeriert nutzen oder dazu auch eine Jahreszahl einprägen, wie das bei Ziergeflügelzüchtern üblich ist.

Erwähnenswert ist zumindest die Möglichkeit der elektronischen Kennzeichnung. Das ist eine bei zahlreichen Nutz- und Wildtieren sowie bei Brieftauben gängige Form der Kennzeichnung. Die fraglichen Tiere bekommen ein elektronisches Element in die Ohrmarke, unter die Haut oder bei Tauben im Fußring untergebracht. Damit sind sie elektronisch erfassbar, wenn sie gewogen und gezählt werden oder gar vom Wettflug zurückkommen. Bei Wachteln wäre die Injektatform denkbar und möglich. Das ist für bestimmte Versuche nötig. Als begrenzende Faktoren könnten der Injektatpreis und der Zeitpunkt der Injektion wirken.

Bruteier werden nach der Herkunft gesammelt und sortiert. Markieren Sie Ihre Eintagsküken mit Fuchsinphenollösung (hält etwa drei Wochen). Beringt wird mit zwei bis drei Wochen. Auf richtige Ringgröße achten!

Das Anbringen von elektronischen Injektaten ist eigentlich frühestens im Alter von drei Wochen möglich, und da kann man auch zur Beringung greifen. Ein nicht zu vernachlässigender Faktor, der für Injektate spricht, liegt in der Zeitersparnis, wenn öfter Wägungen oder Behandlungen der verschiedensten Art für Tiere aus der Gruppe nötig sind. Eine Kopplung des notwendigen Lesegerätes mit einem Computer macht die ganze Sache erheblich effektiver.

Führung der Dokumentation

Wenn das Tier exakt gekennzeichnet ist, kann die Dokumentation fortgesetzt werden. Wichtig sind die Abstammung und bei bestimmten Dingen natürlich die Gefiederfarbe und Gefiederzeichnung des Tieres und seiner Eltern. Nicht zu vergessen ist das Schlupfdatum.

Was ist oder kann weiterhin wichtig sein, festgehalten zu werden? Zuerst das Geschlecht, denn bei bestimmten Farbenschlägen ist eine geschlechtsgebundene Vererbung möglich und eventuell deren Nutzung zur Produktion kennfarbiger Küken eine lukrative Angelegenheit. Dann sind anfallende Daten zur Legeleistung wichtig. Selbst, wenn es dem Züchter nur um die Farbvererbung geht, ist die Legeleistung von Bedeutung, denn zu wenige Bruteier in einer bestimmten Zeit bringen auch keine Nachkommen in ausreichender Zahl. Außerdem ist es so, dass man für bestimmte Kreuzungen genügend Nachkommen haben muss, um alle auftretenden Varianten erfassen zu können. Die Vererbungswissenschaft baut bei Aufspaltungen nach Kreuzungen auf größeren Stückzahlen auf.

Weitere zu erfassende Merkmale sind das Alter beim ersten Ei und die Eigewichte. Dabei reicht es, die Bruteier zu wiegen. Bei Fleischwachteln ist das Gewicht bedeutungsvoll – natürlich an einem festgelegten Termin. Hier hat sich der 42. Lebenstag als günstiger Messzeitpunkt erwiesen. Dieser Tag wird auch in der Fachliteratur benutzt und vor allem von Wachtelproduzenten zur Gewichtsangabe an einem definierten Tag. Natürlich ist ebenso das Gewicht bei leichten Legewachteln wichtig, denn oft werden auch bei dieser Produktionsrichtung die schwersten Jungtiere ausgewählt.

Wie lange man die Legeperiode ausdehnt, ist in der Zucht von zahlreichen Faktoren, wie beispielsweise dem günstigsten Fortpflanzungsalter oder sogar vom vorhandenen Platz, abhängig.

Zuchtkarten für jedes einzelne Tier sind nicht unbedingt üblich. Eine Tabellenform erscheint hier wesentlich besser und bei Nutzung eines Personalcomputers und entsprechender Grundsoftware kann man sich mit dem System „Excel“ und weiter mit „Access“ sehr gut quasi „maßgeschneiderte“ Dateien aufstellen, die den eigenen Vorstellungen am nächsten kommen.

Messvergleiche sind am aussagefähigsten, wenn sie immer am gleichen Lebenstag durchgeführt werden. Der 42. Tag hat sich dabei inzwischen durchgesetzt.

Bewährt haben sich daneben und als Grundlage Listen, die man sowohl herkömmlich als auch elektronisch führen kann. Diese kann man als Beringungslisten nutzen und neben Ringnummer und der Abstammung noch das Geschlecht, ein Gewicht zu einem festen Termin und die Färbung sowie Besonderheiten bis hin zu körperlichen Mängeln, wie krumme Zehen, Sterngucker und Ähnliches, notieren.

Wichtig für eine geregelte Zucht sind auch die Brutergebnisse. Sie sind unter anderem ein deutlicher Hinweis für die Qualität des Brutapparates. Bis zu einem gewissen Grad kann der Inzuchtstatus gut beobachtet werden, denn mit steigendem Inzuchtgrad sinkt in der Regel die Schlupfrate.

Bei bestimmten Farbkombinationen ist es wichtig, die Gefiederfarbe oder auch Besonderheiten der abgestorbenen Embryonen zu erfassen. Mitunter kommt man dabei auch auf neue Mutationen, die für die Biomedizin von Bedeutung sein können. Das ist allerdings etwas für die jeweiligen Fachwissenschaftler. Man kann sich

Tabelle 9:
Liste für Beringung, Abstammung, Färbung, Gewichte

Beringungsliste Wachteln

Linie:	123
Schlupf-Nr.:	V/2004
Schlupf-Datum:	13.05.2004

Ring	Elternkäfig	Sex	Farbe	KM 42	Bemerkungen
1023	87	0	*wildfarbig*	155	
1024	87	1	*wildfarbig*	144	
1025	88	1	*wildfarbig*	147	*Schiefhals*
1026	88	0	*wildfarbig*	168	
1027	88	0	*wildfarbig*	174	

dazu eigene Abkürzungen ausdenken oder die vermutlich wirkenden Gene mit ihren Symbolen angeben. Dieses Vorgehen scheint eine gute Übung für den Umgang mit der Farbgenetik und ihrer spezifischen Symbolik zu sein, hängt aber auch in großem Maße vom Interesse und den individuellen züchterischen Möglichkeiten ab.

In ähnlicher Form wie mit der Zuchtdatei kann eine Datei zum Befruchtungs- und Schlupfgeschehen angelegt werden (siehe unten).

Eine weitere Differenzierung ist bei Bedarf sinnvoll. Wenn es notwendig wird, kann der Züchter die Flaumgefiederfarbe oder die entstandenen Farbnuancen fest-

Microsoft Excel - Wachtelbrut2002

Datei Bearbeiten Ansicht Einfügen Format Extras Daten Fenster ?

F4 = % z Einlage

Brutergebnisse			*Stamm/Linie: 32*		*Jahr: 2003*					
Einlage		Befruchtung		Schlupf			Absterberate		Steckenbleiber	
Datum	Stk	Stk	%	Stk.	% z Einlage	% z. Befrucht.	Stk	% z. Befrucht.	Stk	% z. Befrucht.
17.08.2002	128	119	93	102	79,7	85,7	10	8,4	7	5,9
16.09.2002	213	201	94,4	188	88,3	93,5	16	8	9	4,5

Aufzeichnungen über das Brutgeschehen mithilfe einer Excel-Datei erlauben dem Züchter auf Details des Geschehens rund um die Brut auch später noch zurückzugreifen.

halten. Das kann beim Schlupf oder beim Beringen geschehen oder noch besser, wenn die Küken sechs Wochen alt sind und teils noch später, also erst dann, wenn man die Geschlechter bei allen Farbvarianten erkennen kann.

Es gibt auch die Möglichkeit, neben den Zuchtdaten elektronische Fotos von der Wachtel bzw. den fraglichen Federn zu speichern und jederzeit verfügbar zu machen. Das ist für den „Farbwachtel"-Züchter mit Computerinteresse ein interessantes Betätigungsfeld.

Geschlechtserkennung

Eine Voraussetzung für eine Zucht und die Dokumentation ist die eindeutige Erkennung der Geschlechter. Bei wildfarbigen und einigen ähnlichen Farbvarianten sind die Geschlechter zur Legereife am Gefieder gut zu unterscheiden. Bei Wildfarbigen, Goldsprenkel sowie aus diesen Farbvarianten die Verdünntfarbigen ist die Zeichnung am besten am Kopf und am Latz erkennbar. Letztere ist bei Hennen geperlt und bei Hähnen mehr oder weniger bräunlich eingefärbt. Mit etwas Übung lässt sich schon bei drei Wochen alten Tieren das Geschlecht erkennen.

Es besteht der Wunsch, frühzeitig das Geschlecht der Nachzucht zu ergründen. Durch gezielte Paarungen unter Ausnutzung geschlechtsgebundener Gene (zum Beispiel Kennfarbigkeit) kommt man diesem Ziel rasch näher.

Bei Farbenschlägen mit farblicher Gleichheit der Geschlechter muss man bis zur Legereife warten. Die Hennen haben dann eine breit gezogene Kloake und mit etwas Druck auf den Bauch des zu prüfenden Tieres werden Legedarmende und Darm sichtbar. Voraussetzung ist allerdings, dass das Tier geschlechtsreif ist, denn sonst kommt es zu Fehleinschätzungen. Bei Hähnen ist die Kloake schmäler und beim Ausstülpen fehlt folglich das Ende des Legedarms. Deutliches Zeichen für einen Hahn ist der rötlich eingefärbte Bürzel über der Kloake. Bei leichtem Druck auf diesen Bürzel wird über die Kloake eine weiße schaumige Masse abgegeben. Dieser Schaum wird in der Regel nach einem Tretakt abgesondert. Er verschließt die Kloake der Henne für eine gewisse Zeit und man könnte annehmen, es sei dazu da, dass kein anderer Hahn bei der fraglichen Henne zum Tretakt kommt. Es kommt dabei auch zur Mischung von Schaumsekret und Sperma.

Bei Verpaarung von Hähnen mit Schaumdrüse und solchen mit entfernter Drüse waren Erstere hinsichtlich der Befruchtungsrate deutlich überlegen. Während die intakten Hähne Befruchtungsraten bis 98 Prozent erreichten, war die Befruchtungsrate der „schaumstofflosen" Hähne bei 26 Prozent. Verpaarte man gemeinsam „schaumproduzierende" und „schaumverhinderte" Hähne mit Hennen (Gruppengröße 2 ♂ : 5 ♀), stammten 99 Prozent der Nachkommen von den intakten Hähnen. Es wird angenommen, dass das Schaumsekret auch für den Spermatransport im Eileiter zuständig ist.

Natürlich gibt es die Möglichkeit, Küken am ersten Lebenstag zu „sexen", also das Geschlecht festzustellen, wie das bei Hühnern üblich ist. In Japan und anderen Ländern Südostasiens gibt es in dieser Hinsicht Kenntnisse und Fertigkeiten. Versuche in Amerika und Europa brachten bestenfalls 75-prozentige Sicherheit. Die Erkennung des Geschlechts am jungen Tier ist wesentlich schwieriger als beim Haushuhn. Ergebnisse, die mehr als 5 Prozent von der Realität abweichen, sind nicht brauchbar.

Die Methode, die bei Hühnern zum Sexen infrage kommt, ist nur teilweise vergleichbar. Unter europäischen Bedingungen wird diese Methode nie Fuß fassen, denn es fehlen die nötigen Tierzahlen, damit ein Sortierer sich „warm" machen kann. Also gilt es, nach anderen Methoden zu suchen, die zur rechtzeitigen Geschlechtertrennung genutzt werden können.

Es besteht daneben die Möglichkeit, gezielt Paarungen vorzunehmen, die beim Küken eindeutig erkennen lassen, was Hahn und was Henne ist. Man nutzt dabei geschlechtsgebunden vererbte Gene. Ein solches Beispiel ist in der Verpaarung wildfarbiger Hennen an Hähne mit dem geschlechtsgebundenen – also an das Geschlechtschromosom gebundenen – Gen für (in diesem Fall unvollständige) Albinos. Das gibt in der Nachzucht wildfarbige Hähne und weiße Hennen (Weiteres im Abschnitt Genetik).

Zucht

Die Vermehrungsmethode (oder mit anderen Worten und richtiger die Zuchtmethode) wird von zwei Systemen geprägt: Zum einen ist das die Reinzucht und zum anderen die Kreuzungszucht.

Bei der Reinzucht gibt es zahlreiche Methoden; die zwei wichtigsten sind die Inzucht und zum anderen die „Nicht-Inzucht" oder die, in Anlehnung an das englische Wort „Outbreeding", als Auszucht bezeichnete Methode.

Eine Methode, um maximale Heterozygotie (Spalterbigkeit der Gene) zu erreichen, ist die Kreuzung. Das ist zweifelsfrei eine Methode, wenn zielgerichtet angewandt, die eine enorme Leistungssteigerung nach sich ziehen kann. In der modernen Tierzucht gehören Reinzucht und Kreuzungszucht eng zusammen und bilden die Grundlage für eine effektive Produktion.

Inzucht

Sowohl die Inzucht als auch die Auszucht sind noch näher zu definieren und zu beschreiben: Inzucht wird allgemein als Verpaarung verwandter Tiere angesehen. Hierbei reicht die Palette von einer „leichten" Inzucht bis zu einer „starken" Inzucht. Die Paarung von Vollgeschwistern und die Eltern-Nachkommen-Paarung stellt die intensivste Form der Inzucht dar. Diese Methode ist üblich bei Labortieren wie Maus, Ratte, Hamster und auch bei Kaninchen oder Geflügel – stets mit biomedizinischem Hintergrund. Für diese Einsatzgebiete kommt es auf einen maximalen Reinerbigkeitsgrad an. Speziell für die Krebs- und die Transplantationsforschung und für genetische Grundlagenuntersuchungen sind derartige Tierversuche unverzichtbar. Es gibt speziell bei Labormäusen und Laborratten mehrere Hundert Stämme mit Hundert Generationen aus Vollgeschwisterpaarungen und mehr.

Inzucht ist die Verpaarung verwandter Tiere in verschiedenen Stufen. Sie führt zur Verstärkung der Vererbungskraft in bestimmten Bereichen. Bei zu enger Inzucht über längere Zeit treten Inzuchtdepressionen auf (zum Beispiel Verringerung der Legeleistung).

Den Ausspruch von Nathusius, wonach die Inzucht in der Hand eines Laien ebenso schlimme Folgen haben kann wie ein Rasiermesser in der Hand eines Affen, sollte man ernst nehmen.

In der Landwirtschaft spielt die engste Form der Inzucht, wie sie bei Labortieren teilweise sein muss, natürlich keine Rolle. Gemäßigte Formen der Inzucht können hilfreich sein, wenn es gilt, hervorragende Vererber zu entwickeln und erfolgreich zu nutzen. Die Wahrscheinlichkeit, dass ein ingezüchtetes Tier gewünschte Eigenschaften, die es selbst präsentiert, an die Nachkommen weitergibt, ist größer als bei einem nicht ingezüchteten Tier, das in der Nachkommenschaft eine große Aufspaltung und Streuung der Ergebnisse aufweisen kann. Die Fachliteratur kennt da aus der Geschichte der Inzuchtnutzung zahlreiche Beispiele vor allem aus England, dem Mutterland der modernen landwirtschaftlichen Tierzuchtwissenschaft.

Der Inzuchtgrad der Tiere wird mit einem Koeffizienten angegeben und reicht von 0 bis 1 oder prozentual von 0 bis 100 Prozent. Bei Labortieren spricht man nach 20 Generationen Vollgeschwisterpaarung von einem Inzuchtstamm. Die Zeit vorher wird mit „in Inzucht befindlich" definiert.

Nachkommen aus einer erstmaligen Vollgeschwisterpaarung haben einen berechneten Inzuchtkoeffizienten von 25 Prozent. Deren Nachkommen erreichen 37,5 Prozent und so werden die Zuwächse immer kleiner und das Ziel kommt ganz langsam näher, wird aber die Zahl 100 Prozent nie erreichen. Man spricht von einer asymptotischen Annäherung.

Eine „Schnellmethode" zum Schätzen des Inzuchtgrades (F %) in größeren Beständen ergibt folgende Formel:

$$F\% = (1/8\ M + 1/8\ W) \times 100$$

Wie zu erwarten, basiert diese Formel auf dem Bruchteil der Anzahl der männlichen (M) und der Anzahl der weiblichen Zuchttiere (W) multipliziert mit der Zahl 8. Für kleine Bestände ist diese Methode aufgrund der geringen Tierzahlen wenig aussagefähig und unter Umständen falsch. Dennoch gibt sie für größere Tierbestände zumindest eine Übersicht oder einen groben Anhaltspunkt an.

Hier ein paar praktische Beispiele mit unterschiedlichen Tierzahlen und Anpaarungsverhältnissen:

5 : 10	$F\% = (1/40 + 1/80) \times 100 = 3{,}75\,\%$
5 : 30	$F\% = (1/40 + 1/240) \times 100 = 2{,}92\,\%$
10 : 30	$F\% = (1/80 + 1/240) \times 100 = 1{,}67\,\%$
20 : 30	$F\% = (1/160 + 1/240) \times 100 = 1{,}04\,\%$
30 : 30	$F\% = (1/240 + 1/240) \times 100 = 0{,}83\,\%$
8 : 80	$F\% = (1/64 + 1/640) \times 100 = 1{,}62\,\%$
80 : 80	$F\% = (1/640 + 1/640) \times 100 = 0{,}31\,\%$
10 : 100	$F\% = (1/80 + 1/800) \times 100 = 1{,}38\,\%$
100 : 100	$F\% = (1/800 + 1/800) \times 100 = 0{,}25\,\%$

Deutlich wird, dass die Anzahl der männlichen Tiere bei der Inzuchtzunahme von eminenter Bedeutung ist. Die Einsparung an Kosten für männliche Zuchttiere muss also genau betrachtet werden. Natürlich kann es teurer werden, wenn an der Vatertierzahl zu intensiv gespart wird. Die Relation von männlichen zu weiblichen Tieren hängt also im Wesentlichen vom Umfang des Gesamtzuchttierbestandes ab.

Die Wirkungen der Inzucht sind sehr differenziert zu erwarten. Als Beispiel für die möglichen Inzuchtfolgen sollen ein paar Literaturbefunde aus Japan angeführt werden. Man untersuchte den Einfluss der Vollgeschwisterpaarung auf die verschiedenen Merkmale.

Bei fortlaufender Inzucht (hier Vollgeschwisterpaarung) war im Vorversuch von anfangs sechs Familienherkünften nach der 1. Generation zwei und nach der 2. Generation eine Familie übrig geblieben.

An diesem Beispiel zeigt sich, dass in der 12. Generation der Inzuchtversuch zu Ende ging, denn mit einem Einzeltier war die Linie nicht mehr fortzusetzen.

Besonders belastet von Inzuchtdepressionen oder -schäden zeigte sich die reproduktive Seite des Leistungsspektrums, also zuerst die Legeleistung.

In elf Generationen reduziert sich die Legeleistung der Tiere, die überhaupt legen, um mehr als ein Viertel.

Die Legefähigkeit wird nicht so intensiv beeinträchtigt wie die aus Tabelle 26 zu ersehende Anzahl an Zuchttieren es widerspiegelt. In der 7. Generation sieht es fast so aus, als wäre das Inzuchtgeschehen kein Problem. Aber in der folgenden Generation sinkt die Zahl der zur Verfügung stehenden Zuchttiere auf knapp die Hälfte. Diese Zahl an Zuchtpaaren resultiert aus der Zahl der geschlüpften und der aufgezogenen Jungtiere. Beides sind Merkmale, die bekanntermaßen stärker in-

Die Henne ist hier im Gegensatz zu normalen Verhältnissen kleiner als der Hahn, denn Hennen sind aufgrund der Legeorgane in der Regel schwerer als Hähne.

zuchtanfällig sind und schließlich über das Fortbestehen einer Population, wie hier eines möglichen Wachtel-Inzuchtstammes, entscheiden.

Die Legeleistung sank mit zunehmender Inzuchtintensität um ein Viertel. Das reduzierte gleichzeitig die Zahl der brutfähigen Eier.

Dass der Einfluss des Inzuchtgrades auf das Wachstum weniger gravierend war, wurde schon festgestellt. Das Sechs-Wochen-Gewicht kennzeichnet den Zustand der Hennen um die Legereife und das Zehn-Wochen-Gewicht gibt Aufschluss darüber, wie die Tiere sich nach dem Legebeginn weiter entwickelten. Bis zu 20 Prozent Gewichtsminderung wurden im Extremfall beobachtet.

Ingezüchtete Wachtelhennen beginnen später zu legen und der Anteil der Nichtleger kann auf das Dreifache steigen. Das gleiche Resultat ergab sich in dem hier vorgestellten Versuch in Japan. Nach der zweiten Vollgeschwisterpaarung war deutlich zu erkennen, dass ein erheblicher Anteil an Hennen später als normal zu legen begann und die Zahl der Nichtleger sich verdreifachte.

Zu den stärker von Inzucht betroffenen Merkmalen gehören auch die Befruchtung, die Schlupfergebnisse sowie die Aufzuchtrate. Auch hier wird eine deutliche Beeinflussung sichtbar. Letztlich führt das zur Auslöschung der in Inzucht befindlichen Linien.

Die Befruchtung und die Schlupfrate blieben noch relativ lange im Rahmen des Steuerbaren. Erst bei einem Inzuchtgrad von mehr als 0,7 (= 70 Prozent) beginnen ernste Schwierigkeiten. Die Vitalität wird bei einem Inzuchtgrad von 0,5 bereits zum begrenzenden Faktor. Wenn man aber die gesamten Ergebnisse bis zur 12. Generation betrachtete, änderte das nichts an der Grundaussage zur Inzucht. Nochmals soll darauf hingewiesen werden, dass am Ausgangspunkt sechs Familien zur Verfügung standen und bereits im Vorversuch in zwei Generationen fünf Familien auf der Strecke blieben.

Zusammenfassend kann festgehalten werden, dass durch Inzucht der Anteil der homozygoten Erbanlagen vergrößert wird und damit eine Verstärkung der „Vererbungskraft" eintreten kann, dass aber die Inzucht je nach Intensität auch erhebliche Leistungsminderungen mit sich bringt, die in stärkerem Maße die reproduktiven Merkmale trifft und weniger das Wachstum.

Auszucht

Für die Nutzung der Auszucht spricht bei der wirtschaftlichen Zucht von Wachteln wesentlich mehr. Die Reduzierung der Spalterbigkeit (Heterozygotie) ist hier nicht gefragt, sondern nach Möglichkeit deren Erhaltung und, wenn notwendig, deren Steigerung.

Von der geschlossenen über die offene Reinzucht bis zu mehreren Formen der Kreuzungszucht reicht die Palette der Varianten, die jeweils unterschiedliche Ziele haben, aber alle die Inzucht vermeiden. Die geschlossene Form der Reinzucht ist in der modernen Geflügelproduktion üblich. Diese mit „Linien" bezeichneten Populationen und deren Kreuzungen werden dann in den Produktionsstufen gezielt verpaart. Nicht selten werden sie mit einem mittleren Inzuchtgrad vermehrt.

Die Linienzuchten werden bei der geschlossenen Form der Reinzucht gezielt miteinander verpaart. Sie wird in der Wachtelzucht sehr häufig betrieben. Die offene Form ist der Zukauf fremder Tiere mit nachfolgender Auslese.

Die offene Form der Reinzucht ist weit verbreitet und wohl die gebräuchlichste Art in der Rassezucht der unterschiedlichsten Prägung. Ein Beispiel: Der Züchter einer Hühnerrasse in Bayern kann sich für seinen Bestand auf der Ausstellung einen Hahn aus Brandenburg kaufen und ihn in seinem Stamm einsetzen. Er wird dann wieder Auslese betreiben und die geeigneten Nachkommen zur Zucht benutzen.

Im Gegensatz dazu soll erwähnt werden, dass es Zuchtbücher gibt, die schon mehrere Jahrhunderte für Zugänge von außen geschlossen sind. Das trifft vor allem auf die Vollblutpferde zu. Zum einen sind das die arabischen Vollblüter und zum anderen die englischen Vollblüter, die klassischen Rennpferde.

Als Wachtelzüchter hat man die Möglichkeit, die verschiedensten Zuchtmethoden auszuprobieren. Die Ergebnisse sind schnell da, schlimmstenfalls sind Totalverluste einer Wachtelfamilie wirtschaftlich leichter zu ertragen, als das bei anderem Geflügel oder größeren Nutztieren der Fall ist.

Kreuzung

Die schon angedeutete Produktionsmethode der Kreuzung von zwei oder mehr Linien in der Wirtschaftsgeflügelzucht führt zur Hybridisation, also Erstellung einer sogenannten 1. Nachkommengeneration = 1. Filialgeneration, auch kurz mit F_1 bezeichnet. Verpaart man F_1-Tiere untereinander, wird eine F_2 entstehen, was bei Vererbungsfragen des Gefieders eine günstige Rolle spielt, da eine Vielzahl von Kombinationen möglich wird und dabei neue Farbenschläge gefunden werden.

Während die F_1 in der Regel eine einheitliche Nachkommenschaft ergibt (uniforme F_1), so ist bei der F_2 eine Aufspaltung in die verschiedensten Typen der Normalfall.

Allerdings gibt es auch die Verpaarung von F_1 x F_1, wenn hinter den beiden (F_1) Nachkommengenerationen unterschiedliche Elternlinien stehen, also das Endprodukt ein Vierlinienhybrid ist. Hier wird der Kreuzungseffekt genutzt, den F_1-Tiere oftmals für die Fortpflanzungseigenschaften aufweisen. Es ist also zu erwarten, dass sich in diesem Fall die Legeleistung der Tiere erhöht.

Daneben gibt es Dreilinienhybriden, bei denen an die (zu erwartenden fruchtbareren) F_1-Tiere oft ein schweres Vatertier angepaart wird, wie das bei Mastgeflügel, Schweinen oder Kaninchen üblich ist.

Zu erwähnen sind noch Rotationskreuzung und Wechselkreuzung, die sowohl für den Züchter als auch für wissenschaftliche Anliegen interessant sein können. Sie nutzen den Kreuzungseffekt auf der weiblichen Seite und paaren im Wechsel zwei oder mehr in aufeinanderfolgenden Generationen geeignete Partner einer jeweils speziellen Linie an.

Verpaarungssysteme

Die Zusammenstellung der Zuchtgruppen oder Paare ist die Grundlage für eine Verbesserung oder Veränderung der Leistung oder eines Körpermerkmales wie die Gefiederfärbung. Die Auswahl der geeigneten Zuchttiere ist letztlich Sache des Züchters, ganz gleich, ob er nach äußeren Merkmalen oder nach Leistungskriterien ausliest. Am einfachsten ist eine Zufallsverpaarung. Diese ist aber für eine langfristig angelegte Zucht wenig akzeptabel. Dazu kommt, dass bei geringem Umfang des Zuchtbestandes sehr schnell eine unkontrollierte Inzucht mit allen ihren Problemen wirksam werden kann. Für eine sinnvolle Zufallsverpaarung benötigt man mindestens 100 Zuchtpaare oder genau genommen 100 männliche und 100 weibliche Tiere.

Einfache Hybriden aus zwei Stämmen:

Eltern	Stamm A ♂	x	Stamm B ♀
Nachkommen F_1		AB	
Genanteil	50 %		50 %

Dreilinienkreuzung:

Eltern	Stamm A		Stamm B	Stamm C
Nachkommen				
1. Kreuzungsstufe			AB	
Genanteil	50 %		50 %	
2. Kreuzungsstufe	C ♂	x	(AB) ♀	
Genanteil	50 %		+ 25 %	+ 25 %

Vierlinienkreuzung:

Eltern	Stamm A	Stamm B		Stamm C	Stamm D
Nachkommen					
1. Kreuzungsstufe	A B			C D	
Genanteil	50 %	50 %		50 %	50 %
2. Kreuzungsstufe	F_1 Hybrid (AB)		x	F_1 Hybrid (CD)	
		(AB) ♂	x	(CD) ♀	
Genanteil	25 %	25 %		25 %	25 %

Wechselkreuzung:

Eltern	Stamm A	x	Stamm B
Nachkommen F_1	A ♂		B ♀
Genanteil	50 %		50 %
Anpaarung Stamm A (Rückpaarung)	A ♂	x	(AB) ♀
Genanteil	A = 75 % B = 25 %		
Anpaarung Stamm B	B ♂	x	[A(AB) ♀]
Genanteil	A = 37,5 % B = 62,5 %		
Anpaarung Stamm A	A ♂	x	{B[A(AB)] ♀}
Genanteil	A = 68,75 % B = 31,25 %		

Anpaarung Stamm B usw.

Die Wechselanpaarung kann mit weiteren Stämmen (man spricht dann von einer Rotation) oder den vorhandenen Stämmen fortgesetzt werden. Prägend ist der angepaarte und jeweils reingezüchtete Stamm, denn er hat mehr als 50 % der Genanteile bei den jeweiligen Kreuzungsnachkommen.

Es gibt verschiedene Lösungen, mithilfe der Stammzucht Hybriden herauszuzüchten.

Günstiger vom Zuchttierbedarf sind die aufwendigeren Verpaarungsverfahren wie die Pedigreezucht oder ein Rotationsanpaarungssystem zu werten. Bei der Pedigreezucht wird nach der Abstammung verpaart und die Inzucht dabei bewusst ausgeschaltet oder auch kurzzeitig ebenso bewusst genutzt. Diese Methode garantiert schon ein Züchten in kleinen Beständen mit zehn bis 20 Paaren. Eine Reduzierung der Vatertiere bedeutet, wie bereits gezeigt, wiederum eine Zunahme der Inzucht, messbar mithilfe des Inzuchtkoeffizienten.

Die Pedigreezucht nutzt oder schließt Inzucht aus. Sie ist schon mit wenigen Paaren durchführbar. Die Rotationspaarung ist eine Variante, die Spalterbigkeit zu erhalten.

Eine in der Versuchstierhaltung übliche Variante, vor allem um die Spalterbigkeit zu erhalten, ist die Rotationsverpaarung. Dabei wird der Tierbestand in Untergruppen eingeteilt, man nennt sie „Blöcke“, die mit Stämmen vergleichbar sind, und diese werden nach bestimmten Systemen einer „Rotation“ im Verpaarungssystem ausgesetzt. Nicht verwechselt werden darf die Rotationsverpaarung mit der Rotationskreuzung. Die Rotationsverpaarung nach Robertson (1965) ist leicht handhabbar. Ein Nachteil kann sein, dass die Zahl der Blöcke festgelegt ist. Man geht von 2^{2n} aus und das bedeutet eine festgelegte Anzahl von Blöcken: 2, 4, 8, 16, 32 ... Empfohlen werden kann die Variante mit vier oder acht Blöcken und in größeren Beständen mit mehr oder auch weniger Blöcken. In jeder Generation wird nach dem gleichen Prinzip verfahren und bringt also keine Verwechslungen mit sich, wie das bei Rotationsvarianten anderer Autoren der Fall sein kann, die von Generation zu Generation unterschiedliche Anpaarungseinzelheiten haben. Schwierig wird es, wenn mit diesem System nicht in annähernd zeitgleichen Perioden gearbeitet werden soll. In diesem Fall kann nur empfohlen werden, nach dem Pedigree zu verpaaren.

Für das Rotationsverpaarungssystem ein Beispiel mit acht Blöcken – das entspricht acht Familien (Tabelle 10). Sollte innerhalb eines Blockes einmal eine

Tabelle 10:
Rotationssystem der Verpaarung zur Erhaltung der Heterozygotie (nach Robertson 1967)

	Blöcke bzw. Verpaarungen der Blöcke in den Generationen							
Ausgangsstamm	1	2	3	4	5	6	7	8
1. Generation	1x2	3x4	5x6	7x8	2x1	4x3	6x5	8x7
2. Generation	1x2	3x4	5x6	7x8	2x1	4x3	6x5	8x7
3. Generation	1x2	3x4	5x6	7x8	2x1	4x3	6x5	8x7

Familie ausfallen, werden eine oder mehrere andere Familien stärker herangezogen. Das muss bei der Auswahl der Jungtiere berücksichtigt werden, sonst kann es durchaus passieren, dass einzelne Familien/Blöcke unterbesetzt sind.

Die Zahlen vor oder hinter dem verbindenden Zeichen „x“ gelten für „männlich“ bzw. „weiblich“. Es ist dann eine Festlegungsfrage, welches Geschlecht vor oder nach dem „x“ steht.

Was ist bei der Auswahl der Zuchttiere noch zu beachten? Selbstverständlich ist, dass die Tiere gesund und vital sind. Bei Merkmalen mit hohem Erblichkeitsgrad, wie dem Gewicht, aber auch bei der Gefiederfarbe, kann man nach der Leistung oder der Ausprägung des Merkmals die Tiere direkt auswählen – also eine Selektion nach der Eigenleistung.

Merkmale mit geringem Erblichkeitsgrad, wie die Legeleistung, kann man in der Regel nur durch Einbeziehung der Leistung der Vorfahren auslesen, also bei der Eizahl nach der Mutterleistung, oder besser man berücksichtigt auch zusätzlich die Leistung der Schwestern der Mutter, soweit sie vorhanden sind. Natürlich wären auch die eigenen Schwestern mit ihrer Leistung aussagefähig, aber die sind in der Regel im gleichen Alter, wenn nur ein Schlupf zur Reproduktion durchgeführt wird.

Die Erfassung der Legeleistung ist wichtig und muss systematisch erfolgen. Optimal ist eine tägliche Erfassung der Legeleistung. Man kann aber auch mit einem Kurztest eine relativ gute Basis für die Selektion erreichen. Je länger der Kurztest, umso genauer ist die Aussage über die Gesamtleistung.

Es hat sich gezeigt, dass schon nach wenigen Wochen Legetätigkeit die wöchentliche Legeleistung in enger Beziehung zur Gesamtleistung steht.

Künstliche Besamung und Gattungskreuzungen

Die künstliche Besamung (KB) wird heute bei fast allen landwirtschaftlichen Nutztieren angewandt. Es geht darum, hochwertige Vatertiere intensiv zu nutzen und nach Möglichkeit das Sperma über Ländergrenzen und Kontinente hinweg zu verkaufen. Dabei besteht natürlich die Gefahr, dass bestimmte Vatertiere so oft eingesetzt werden, dass selbst in sehr großen Populationen die Problematik der Inzucht auftauchen kann. Eine wichtige Rolle spielt die KB auch bei bestimmten Rassen, die sich aufgrund ihres Gewichts nicht mehr natürlich fortpflanzen können. Beim Geflügel betrifft das beispielsweise die Vermehrung schwerster Puten oder die Anpaarung schwerer Puter an leichte fruchtbare Hennen. Abgesehen von der Fähigkeit, noch treten zu können, ist bei dieser Tierart auch die Verletzungsgefahr der leichteren Hennen durch die schweren Hähne ein Grund, die KB zu nutzen. Die KB hat bei der Wachtel genau genommen nur wissenschaftliche

Die künstliche Besamung ist für den Hobbyzüchter und auch für den Wachtelproduzenten von geringer Bedeutung, dagegen spielt sie für die Wissenschaft eine gewisse Rolle.

Bedeutung wie bei Gattungskreuzungen, bei denen teils extrem unterschiedlich große Tierarten miteinander verpaart werden können. Die Versamung von Einzelejakulaten ist äußerst schwierig, da die gewonnenen Mengen extrem gering und mit herkömmlichen Methoden schwer messbar sind.

Tabelle 11:
Angaben zum Wachtelsperma (nach Amano und Watanabe 1987)

Spermavolumen	0,0073 ± 0,00091 ml
pH-Wert	7,2 ± 0,04
Spermien je ml	1,477 ± 0,153 Millionen

Bemerkenswert ist die Aussage der Autoren, dass die Beweglichkeit der Spermien nach 10 bis 15 Minuten zu Ende geht und schnelles Handeln notwendig ist.

Die Untersuchungen zum Problemkreis der KB liegen einige Jahre zurück. Die Nutzung ist sehr spezifisch eingegrenzt. Wesentliche Erkenntnisse dazu wurden in der bayrischen Geflügelversuchsstation Kitzingen entwickelt und publiziert.

Die Spermagewinnung erfolgt durch Massage, wobei mit dem Daumen rechts und links von der Kloake massiert wird. Wichtig ist aber, dass die Schaumdrüse vorher entleert wird. Es wird empfohlen, die Hähne zweimal täglich abzusamen. 80 Prozent der Hähne sind für diese Prozedur geeignet. Die künstliche Besamung bei Wachteln ist mangels Bedarf in der Praxis auf einer experimentellen Stufe stehen geblieben. Verschiedene Varianten werden mit der natürlichen Verpaarung hinsichtlich der Leistung verglichen. Die Befruchtungsergebnisse waren bei den beiden Besamungen in den Eileiter ganz passabel (50,8 bzw. 77,5 Prozent Befruchtungsrate).

Die Insemination erfolgt mit einer geeigneten Kanüle. Es haben sich drei Methoden als geeignet erwiesen: Die intraperitoneale Besamung (intraperitoneal: in die Bauchhöhle injizieren) und die intrauterine Besamung. Hier muss die Sameneinführung gegen 9 Uhr, also etwa sechs bis acht Stunden vor dem Legetermin, liegen. Die dritte Variante, die intravaginale Besamung, wird hingegen etwa um 18 Uhr vorgenommen, also nach dem Legetermin, der sich über den Nachmittag erstreckt. Die Befruchtungsdauer nach KB ist bei der Kreuzung von Wachtel mit Haushuhn noch annehmbar.

Für biologische Grundlagenuntersuchungen wurden Kreuzungen durchgeführt, die in natura aufgrund der Größenunterschiede undenkbar wären. Verständlich wird das bei der Paarung von Haushahn und Wachtelhenne. Die dazugehörige kreuzweise Kombination hat nie zu Nachkommen geführt, während die erste Variante zu lebensfähigen Bastarden führt.

Kreuzungsnachkommen aus der Verpaarung Wachtel und Huhn sind nicht fortpflanzungsfähig. Die Hybriden bringen jedoch guten Fleischansatz.

Wie bereits angedeutet, hat man in Kitzingen diese Problematik untersucht. Es wurde mit dreimaliger intravaginaler Besamung je Woche mit 0,05 ml unverdünntem Mischsperma gearbeitet. Als Muttergrundlage wurden schwere französische Wachteln herangezogen, die jeweils nach dem Legen gegen 16 bis 17 Uhr besamt wurden. Bei den verschiedenen auf diese Weise eingesetzten Hühnerrassen waren die beste Befruchtung und der beste Schlupf bei Anpaarung von White-Rock- und Rhodeländer-Hähnen erreichbar.

Bemerkenswert ist die Paarung der White-Rock-Hähne mit den Wachtelhennen, die 10,2 Prozent Küken, bezogen zur Einlage, erbrachte. Die Aufzucht verlief normal, während andere Autoren auf eine hohe Sterberate hinwiesen. Die Brutdauer lag zwischen der von Huhn und Wachtel bei 18 bis 19 Tagen.

Eine Gattungskreuzung zwischen Jagdfasan und Wachtel ergab 0,3 Prozent erwachsene Tiere. Geschlüpft waren 1 Prozent Küken. Kreuzungen dieser Art, durchgeführt in den USA, haben rein wissenschaftliche Bedeutung, um genetische und systematisch-zoologische Fragen zu klären. Der Test der Fleischqualität bei Ausgangsarten und Hybriden brachte keine deutlichen Hinweise für besondere Qualitäten eines Prüflings. Es ist also zweifelsfrei so, dass man auch weiterhin Huhn, Wachtel oder Fasan isst, anstatt sich mit großem Aufwand „exotische“ Hybriden für den Kochtopf zu beschaffen. Letztlich ging es bei diesen Versuchen in allererster Linie um biologische Grundlagenforschung, also wesentlich über das Thema Fleischqualität hinaus.

Die Frage des Gewichts der Kreuzungstiere wurde unter anderem auch untersucht und wie zu erwarten rangierten die Gewichte der Kreuzungsnachkommen nach den Gewichten der elterlichen Hühnerrasse. Weiße Leghorn x Wachtel ergab im Alter von fünf Monaten ein Gewicht von 335 g. Cornish-Kreuzungen brachten es auf 384 g und Hähne besonders schwerer Masttypen kamen auf 2,3 kg im Alter von vier Monaten. Das Durchschnittsgewicht der benutzten Wachtelhennen lag bei 102 g. Es waren also relativ leichte Tiere.

Versuche, japanische Wachtelhennen mit dem Sperma von Putern zu besamen, brachten bei der Befruchtung ein gutes Ergebnis: 15 bis 20 Prozent der Eier waren befruchtet. Allerdings schlüpfte nur ein Küken, das nach zwei Tagen starb.

Befruchtung mit Steinhuhnsperma brachte als Ergebnis, dass eine derartige Kreuzung nicht möglich ist. Dabei musste man annehmen, dass aufgrund der Zugehörigkeit beider zur Unterfamilie der Feldhühner eine Kombination Erfolg versprechend sein müsste. Aus solchen Paarungsergebnissen werden auch Informationen für die Zuordnung der verschiedenen Arten abgeleitet.

Diese Beispiele zeigen, dass es eine Vielzahl von offenen Fragen gibt, die auch ein Hobbyforscher lösen kann.

Angewandte Genetik

Manche Abweichungen von der Wildfarbe sind besonders begehrt. Bestimmte Farbenschläge sind verstärkt gefragt und zeichnen sich dann auch durch einen höheren Verkaufserlös aus.

Das Gefieder der in Menschenhand gehaltenen Vögel ist oft ein wichtiges „Objekt der Begierde“, denn viele Menschen möchten, wenn sie schon Hausgeflügel oder andere Vögel halten, etwas ganz Besonderes haben, und das zeigt sich dann auch in der Wahl der Gefiederfarben. Das bringt Freude und macht natürlich auch stolz, denn man kann sich (oder besser die Vögel) von anderen Leuten bewundern lassen. Oft sind nicht die Wild-Farben, sondern alle möglichen Abweichungen vom Normalen begehrt. Nicht zu vergessen, dass oftmals Tiere mit neuen Farbenschlägen teurer als normale Tiere verkauft werden können und auch der pekuniäre Gewinn ist ein Antrieb, nach Neuem zu schauen oder direkt zu suchen.

Die Gefiederfarbe spielt allgemein beim Geflügel eine wirtschaftliche Rolle. Produzenten von Mastgeflügel bevorzugen weißfiedrige Tiere, weil man diese im Stall besser erkennen kann, und vor allem, weil diese beim Rupfen bestenfalls weiße Federstoppeln hinterlassen. Bei Wachteln ist damit ebenfalls die Schlachtkörperqualität zu verbessern.

Wie schon erwähnt, spielen spezielle, auf das Gefieder wirkende Gene wie auch bei den geschlechtsgebundenen Farbenschlägen eine wichtige Rolle.

Eine Übersicht über die derzeit bekannten Erbanlagen, die für die Gefiederfärbung bekannt sind, wurde in Anlehnung an eine Publikation der Weltgeflügelorganisation in Tabelle 12 zusammengestellt. Neben dem mutierten Gen ist das Symbol für das normale Gen mit $^{+}$ gekennzeichnet angegeben. Großbuchstaben bedeuten Dominanz über das zugehörige andere Gen. Beispiel: E, e^{+}: Das dominante Braun unterdrückt die Wildfarbe.

Mit großer Wahrscheinlichkeit gibt es dabei Doppelungen, dass also von unterschiedlichen Untersuchern dieselbe Farbe auf dem gleichen Gen verschiedene Bezeichnungen erhält. Sehr wahrscheinlich ist das für E und D (ausgedehntes Braun und Schwarz). Ebenso wird angenommen, dass erh und ps (rotköpfig und stiefmütterchenartig) dasselbe Gen betreffen und mit erklärbaren Nuancen ausgestattet sind.

Tabelle 12:
Erbanlagen der Gefiederfärbung bei Wachteln (nach Cheng und Kimura 1990), ergänzt

Internationaler Name	Symbole	deutsche Beschreibung
extended brown	E, e^+	kräftiges Braun
black at hatch	Bh, bh^+	schwarz beim Schlupf
red head	e^{rh}, e^+	rotköpfig
pansy	ps, Ps^+ (d^{ps}, D^+)	stiefmütterchenartig
yellow	Y, y^+	gelb
fawn	Y^F, y^+	beige (Goldsprenkel)
cinnamon	cin, Cin^+	zimtfarbig, geschlechtsgebunden
buff	pk, Pk^+	lederfarbig
dark-eyed dilute	al^D, Al^+	dunkeläugig verdünnt
sex-linked brown	br, Br^+	geschlechtsgebundenes Braun
roux	ro, Ro^+	geschlechtsgebundenes Rot
dominant dilute	Dil, dil^+	dominant verdünntfarbig
bleu	bl, Bl^+	lavendelfarbig
recessive silver	rs, Rs^+	rezessives Silber
marbled plumage	ma, Ma^+	marmoriert
recessive white	wh, Wh^+	rezessives Weiß
panda	wh, Wh^+ (s, S^+)	Pandazeichnung
brown-splashed white	p, P^+	braun gespitztes Weiß
silver feathered	B, b^+	silberfarbig
white breasted	wb, Wb^+	weißbrüstig
white crescent	cr, Cr^+	weißplattig
white bib	bi, Bi^+	weißlatzig
white primaries	wp, Wp^+	weißschwingig
white-feathered down	c, C^+	weißfiedrige Daunen
complete albinism	a, A^+	vollständiger Albinismus
imperfect albinism	al, Al^+	unvollständiger Albinismus, geschlechtsgebunden
dotted white	dtw, Dtw^+	weiß mit Flecken
orange	or, Or^+	orangefarbig
black	D, d^+	schwarz

Verbreitete Farbenschläge

Die häufigsten in Europa gehaltenen Farbenschläge sind:

- Wildfarbig
- Tenebrosusfarbig (dunkelbraun, schwarzbraun)
- Gesprenkelt (beige)
- Weiß mit zahlreichen Scheckungsmustern

Dazu ist oft der dominante Faktor zur Farbverdünnung (Dil) nutzbar und es entstehen aus diesen Grundfarben die Farbenschläge: Wildfarbig verdünnt (auch Silber oder Isabellfarbig genannt), Dunkelbraun verdünnt (auch mit Blaugrau bis Blaugraubraun zu beschreiben) und drittens die Beigefarbigen verdünnt, eine cremefarbige Variante, also auch aufgehellt. Letztere wird teilweise mit Gelb bezeichnet, was zu Irrtümern führen kann, denn es gibt das Gen „Y", das als „Gelb" (Yellow) beschrieben wird.

Achtung: Tiere, die den dominanten Verdünnungsfaktor reinerbig in sich tragen, sind letal. Es schlüpfen nur ausnahmsweise Küken, die kränklich sind.

Bemerkenswert ist aber, dass Tiere, die den dominanten Verdünnungsfaktor im homozygoten Zustand tragen, letal sind. Es schlüpfen nur ausnahmsweise einmal Küken mit dieser Genkonstellation. Sie sind silberweiß und haben einen dunklen Schnabel. Diese wenigen reinerbigen geschlüpften Tiere sind in der Regel schwächlich und erlangen nicht die Geschlechtsreife. Im Prinzip fehlt in jedem Schlupf ein Anteil von 25 Prozent der Küken, also diejenigen Tiere mit doppeltem Letalfaktor.

Die Aufspaltung der dominanten Verdünntfarbigen im heterozygoten Zustand kann so dargestellt werden:

Die drei Grundfarben der Wachtelzucht: (von links) Dunkelbraun, Wildfarbig und Beige.

Eltern:	Dil dil+ x Dil dil+			
Gameten:	Dil und dil+			
Nachkommen:	Dil Dil 25 % letal	Dil dil+ 25 % spalterbig	Dil dil+ 25 % verdünnt	dil+ dil+ 25 % reinerbig normal

Nach der silberweißen Farbe wurde dieses Gen ursprünglich auch „dominant Weiß“ genannt. Das ursprünglich genutzte Symbol W wurde ersetzt durch Dil (dilute = verdünnt), was auch den Realitäten entspricht. Diese Erbanlage, als „dominant Weiß“ bezeichnet, ist analog zum Blau der Haushühner zu sehen. Reinerbig sind da die weißen und die schwarzen Hühner (25 Prozent + 25 Prozent), spalterbig die blauen Tiere (50 Prozent). Es wirkt ähnlich wie bei den Wachteln, allerdings ist dieses dominante Weiß bei den Hühnern weniger vitalitätssenkend. Das ist Insiderwissen, das oft nicht publiziert wird und nur feststellbar ist, wenn man über Jahre Buch führt und die Vitalität zu erfassen versucht, was gar nicht so leicht ist, wenn es noch vergleichbar bleiben soll.

Die dunkelbraunen Wachteln, auch tenebrosusfarbig genannt, (Symbol E) deren Farbbezeichnung sich von den schwarzbraunen Tenebrosusfasanen ableitet, haben eine kräftig dunkelbraune Färbung mit schwarzen Streifen über die Feder. Zu

Wildfarbige Wachteln: Links ist der Hahn abgebildet und rechts die Henne.

Recht heißt diese Farbvariante auch „ausgedehntes, kräftiges Braun“. Homozygote (reinerbige, EE) Tiere sind dunkler, heben sich farblich deutlich von spalterbigen Tieren ab und haben dunkle Läufe. Bei heterozygoten (spalterbigen, Ee^{+}) Tieren ist die Gefiederzeichnung den Wildfarbigen ähnlicher. Daher wird Tenebrosusfarbig als unvollständig dominant zu Wildfarbig bezeichnet. Eine gewisse Tendenz zu intermediärer Vererbung liegt vor. Bei den Küken gibt es bereits ein Unterscheidungsmerkmal, denn die spalterbigen zeigen eine den wildfarbigen Küken ähnliche Kükenzeichnung, nur auf dunklerem bräunlichem Grund, während reinerbig dunkelbraune Küken durchgängig ein einheitliches, mehr oder weniger dunkles Braun bis Schwarz beim Kükenflaum zeigen.

Die verschiedenen Gene bewirken die unterschiedlichsten Gefiederfärbungen von Weiß über Schwarz bis zum Rostbraun. Manche dominanten Gene sind spalterbig, zum Beispiel Gelb (Y).

Die Verpaarung von dunkelbraunen mit beigefarbigen Tieren ergibt dunkelbraune Tiere mit mittelbraunen Federrändern vor allem im Kopfbereich.

Beliebt, weil sie sehr gut aussehen, sind die verschiedenartigsten am Kopf gezeichneten Schecken. Der Kontrast zwischen weißer und tiefbrauner bis fast schwarzer Färbung ist da besonders hervorgehoben.

Die Sprenkel, auch als Goldsprenkel oder als Australische Sprenkel bekannt, wurden bei der wissenschaftlichen Beschreibung mit „Beige“ charakterisiert und sind mit dem Symbol YF gekennzeichnet. Die Sprenkelfarbe dominiert über die Wild-

Dunkelbraune Henne. Diese Farbe wird in Anlehnung an den Tenebrosusfasan auch als tenebrosusfarbig bezeichnet.

färbung. Vom Aussehen her geben sie mit ihrer oft kräftig bräunlichen bis schwärzlichen Zeichnung auf hellbraunem bis beigefarbenem Grund ein attraktives Bild. Die Hähne haben in der Regel einen bräunlichen Kopf. Zuweilen fallen Tiere mit weitgehend schwarzen Köpfen an. Während Braun über Wildfarbig und Beige (Gesprenkelt) dominiert, ist wiederum Beige über Wildfarbig dominant.

Also: $E > Y^F > e^+$

Für die Feststellung der spalterbigen Genotypen gibt es ein paar Anhaltspunkte. Bemerkenswert ist die „Stichelung" im Kopfgefieder der „beigen" Tiere. F_1-Paarungen mit dunkelbraunen Wachteln zeigen ebenfalls dieses schöne Muster.

Weniger verbreitete Gene für die Gefiederfärbung

Ein Gen, das für schwarzdunige Küken verantwortlich ist, soll hier noch erwähnt werden. Es ist das Symbol Bh, was „black at hatch – (schwarz beim Schlupf)" bedeutet. Homozygote sind allerdings letal und sterben bereits zwischen dem 4. und 8. Bruttag ab. Heterozygote Tiere haben nicht die typischen hellen Rückenstreifen wie die wildfarbigen, sondern sind dunkel. Die Wildfärbung wird quasi verwischt.

Neben den schwarzdunigen Küken gibt es auch weißdunige (c) Mutanten, die letal sind, denn die Küken sterben in den ersten zwei Lebenstagen.

Ein interessanter Farbenschlag sind die rotköpfigen Wachteln. Sie stellen eine Mutation am Wildfaktor dar und haben das Symbol e^{rh} (rh = redhead = Rotkopf). Bei diesem Schlag ist eine Zeichnung der Federn wie bei Tenebrosusfarbig vorhanden, allerdings auf hellem Untergrund. Der Kopf des Hahnes ist leuchtend rostfarbig. Die Brust der Hähne ist eine Mischung aus weiß und rostfarbig. Bei den Hennen ist die Brustfarbe neben Weiß und Rostfarbig auch schwarz durchsetzt.

Pansy (ps = stiefmütterchenfarbig), ein rezessives Gen, hat ähnliche Effekte wie das „Rotkopf-Gen". Während bei den Rotköpfen Schwarz eine geringe Rolle spielt, ist es bei Pansy wieder stärker vertreten. Neben den schwarzen Federpartien gibt es an den Federn auch Zonen mit Rostfarbig und Weiß, also eine Dreifarbigkeit. Besonders in der Kopfpartie ist Schwarz stärker angereichert. Es wird eine große Variation in der Ausprägung dieser Erbanlage beschrieben.

Ein dominantes Gen, das bei den „Mandschuren" oder „Goldenen Mandschuren" auftritt, ist das „Gelb" mit dem Symbol Y (= Yellow). Dieser Farbenschlag ist spalterbig, denn die homozygote Kombination Y/Y wäre letal. Und selbst die heterozygoten (Y/y) sind in der Vitalität und im Wachstum stark beeinträchtigt. Kraszewska-Domanska (1977) fand bei Wachteln mit Yellow-Gen eine Schlupfrate von 40 Prozent und bei Tieren ohne diesen Faktor von 64 Prozent und darüber.

Ein Gen „cin“, das in einer Gruppe reinerbiger dunkelbrauner (E/E) Wachteln aufgetreten war, führt zu „Zimtfarbig“. Diese Erbanlage hellt im Prinzip die kräftig braune Grundfärbung auf. Das ist bei einer Genkonstellation von cin/cin E/E gegeben. Bei Wildfarbigen (cin/cin e^+/e^+) gibt es ähnliche Effekte wie mit dem dominanten Verdünnungsfaktor (Dil): Es erscheint eine Art isabellfarbige Färbung.

1994 berichteten Ito und Tsudzuki über eine Mutation bei wildfarbigen Wachteln, die sie „Orange“ nannten. Bei Tieren mit dem „or“-Gen sind neben einer leicht ins Orangefarbige gehenden Färbung, bei sonst als aufgehellt wildfarbig anzusehender Federzeichnung, viele Hornteile wie Federkiel und Schnabel fleischfarbig, während eine leichte bis mittlere Pigmentierung bei Wildfarbigen üblich ist. Bei bestimmtem Lichteinfall erscheinen die Augen albinotisch. Die Tiere sehen gefällig aus, bringen aber das Problem mit sich, dass in der Aufzucht Verlustraten zwischen 50 und 60 Prozent üblich sind. Es ist also sehr aufwendig, ausreichend Nachzucht zu bekommen, um diese Farbspielart zu erhalten. Dieser Erbfaktor fällt in die Kategorie semiletal – also halbletal. Nichts ist bisher über das Zusammenwirken von „or“ und „Dil“ bekannt. Es scheint aber eine Verbindung zu den unvollständigen Albinos zu geben. Ähnliche Vermutungen erlauben die Verbindungen zu „Blau“.

In der Literatur wird auch ein durch radioaktive Strahlung entstandenes Gen, welches „marmoriert“ genannt wurde, aufgeführt. Es ist ein rezessives Gen (ma), das zu einer Färbung zwischen Hellblau und Weiß führt, das aber auch in dunkelbraunen Stämmen mit Verdünnungsfaktor auftrat.

Geschlechtsgebundene Gene für die Gefiederfärbung

Bei den geschlechtsgebundenen Mutationen sind zum einen die als unvollständige Albinos bezeichneten Tiere mit dem Gen (al) interessant. Weiterhin sind das rezessive Gen (br) für Braun (nicht das Dunkelbraun) und das (ro, von roux) für Rot zu nennen. Durch gezielte Nutzung geschlechtsgebundener Vererbung (auf den Geschlechtschromosomen gelagertes Gen) ist es möglich, Kennküken zu erzielen.

Hier ein Beispiel, wie es aussehen kann:

Eltern:	♂		♀
Gene:	al/al	x	Al -
Gefieder:	albino-weiß		wildfarbig
Nachkommen:	♂		♀
Gene:	Al/al	x	al -
Gefieder:	wildfarbig (spalterbig)		albino-weiß (reinerbig)

Diese Genkombination ist leicht nachzuvollziehen und das geplante Ergebnis ist deutlich. Aber in der Praxis kann es unter bestimmten Umständen Probleme geben, weil bestimmte Herkünfte der Albinos erhebliche Vitalitätsprobleme zeigen können und für eine wirtschaftliche Nutzung folglich Nachteile brächten. Hier spielt mit an Sicherheit grenzender Wahrscheinlichkeit der genetische Hintergrund (Background) eine tragende Rolle. Nach diesem Prinzip ist aber mit den Faktoren „rot geschlechtsgebunden" (roux = ro) bzw. „braun geschlechtsgebunden" (br) zu verfahren. Vor allem mit „roux" gibt es gute Erfahrungen in Frankreich.

Durch konsequente Nutzung der geschlechtsgebundenen Vererbung lassen sich kennfarbige Küken erzüchten. Dies fördert die Wirtschaftlichkeit der Zuchten, andererseits können mit der Zeit aber Vitalitätsprobleme auftreten.

Wenn man einmal ein andersfarbiges Küken im Bestand findet und dann noch ein Hennenküken, ist die Wahrscheinlichkeit relativ groß, dass es sich um einen geschlechtsgebundenen Faktor handelt. Diese Gene sind durch die Bindung an das Geschlechtschromosom wirksam, da, wie bereits angedeutet, bei Vögeln das weibliche X-Chromosom fehlt, also nur in einfacher Ladung vorhanden sein kann.

Da es neben den unvollständigen Albinos noch ein zweites Gen für albinotische Wachteln gibt, muss man die Tiere testen. Bei den unvollständigen Albinos sieht man bei günstigem Lichteinfall in den Federn eine sogenannte Geisterzeichnung. Obwohl keine Farben zu sehen sind, werden die einzelnen Grenzen und Strukturen sichtbar. Ganz besonders, da großflächig und damit auffällig, ist dieses Phänomen übrigens bei weißen Pfauen zu beobachten.

Trotz eventueller Probleme mit der Vitalität bei bestimmten Linien erlaubt die Kennfarbigkeit schon rechtzeitig eine nach Geschlechtern sortierte Mast oder das zeitigere Abgeben von Legewachtelhähnchen für die Aufmast sowie als Futter für

Eine wildfarbige Fleischwachtelhenne und eine Henne des gleichen Typs mit dem Albinofaktor (Kennfarbigkeit).

Greifvögel oder Tiere wie Schlangen und andere Reptilien. Die weiblichen Tiere werden aufgezogen und im entsprechenden Alter zur Eierproduktion genutzt. Das bedeutet aber auch, dass die beiden Farbtypen „Wildfarbig“ und „Albinotisch“ bzw. ein anderes geschlechtsgebundenes Gen in Reinzucht daneben gehalten werden müssen. Es lohnt sich also nur, in größeren Beständen mit der Kennfarbigkeit zu arbeiten. Ansonsten ist es ein sehr interessanter Faktor und zu Demonstrationen für Ausbildungszwecke gut geeignet, begünstigt durch die Frühreife der Wachtel.

Scheckenzeichnungen

Ein weites Feld für züchterische Aktivitäten bilden die Schecken, die meist bei dunkelbraunen Tieren beobachtet werden und durch den Kontrast auch gut zur Wirkung kommen.

Bei dunkelbraun verdünntfarbigen Tieren gibt es gleichfalls interessante und schöne Scheckenfärbungen. Weniger zur Scheckung neigend sind die wildfarbigen und die beigen Wachteln. Im Prinzip ist bei diesen der „Tenebrosus-Scheckungsfaktor“ wirkungslos. Bei wildfarbigen und beigefarbigen Wachteln sind meist die weißen Federchen eine Modifikation. Diese Zufallsfärbung ist nicht erblich.
Die möglichen Schecken-Gene sind in Tabelle 12 aufgeführt und hier noch einmal herausgestellt:

- weißbrüstig (wb)
- weißlatzig (bi)
- weißschwingig (wp) und
- weißköpfig bzw. weißplattig (cr)

Es gibt dabei alle Kombinationen dieser Erbanlagen und auch die einzelnen Gene sind unterschiedlich in ihrer Ausprägung. Es gibt weißschwingige Tiere mit je zwei bis drei oder deutlich mehr weißen Schwingen. Ebenso treten Tiere mit Latz auf,

Links eine dunkle Scheckenhenne, in der Mitte ein Hellschecke, rechts eine einfarbig dunkelbraune Wachtel.

Eine dunkelbraune Wachtel, weißbindig und weißschwingig.

Diese dunkelbraune Wachtel ist weißlatzig und weißschwingig.

der vom weißen Kehlfleck bis zum übergroßen Latz reichen kann. Am intensivsten ist die Scheckung bei dem mit „Tuxedo" bezeichneten Farbenschlag. Wachteln dieser Färbung vereinen alle vier aufgeführten Schecken-Gene – sind also eine Art „Superschecken". Bei Schecken scheint im farbigen Gefiederbereich der schwarze Federanteil besonders ausgeprägt. Zu diesem Bereich der Schecken gehört allerdings noch ein rezessives Weiß (wh). Daneben wird von den Faktoren „p" (braunweiß) sowie „dtw" = „dotted white" (weiß gepunktet) berichtet. Es sind ebenfalls Gene für „Weiß" wie „wh". Hier muss es noch Abstimmungen im internationalen Bereich geben. Das Gen „wh" ergibt auch eine Art Panda-Scheckung.

Es sind weiße Wachteln mit hellem Schnabel und hellen Läufen. Diese weißen Wachteln sind im Gegensatz zu den mit „Silberweiß" bezeichneten dominanten und letalen Tieren voll vital. Bei Untersuchungen in Japan im Vergleich mit anderen Farbvarianten waren die Hähne der weißen Wachteln leichter als die von anderen Farbtypen. In der Regel haben sie am Kopf oder auch auf dem Rücken mehr oder weniger farbige Federchen, an denen man die farbliche Herkunft, also Dunkelbraun und weitere seltener auftretende Scheckenfarben wie Wildfarbig, Beige oder die entsprechenden Dilute-Farben, erkennen kann. Je nach Größe der farbigen Abzeichen gibt es dann unterschiedliche Bezeichnungen. Schecken dieser oben genannten vier Gruppen sind mit hoher Wahrscheinlichkeit spalterbig und müssten miteinander verpaart 25 Prozent weiße reinerbige, 50 Prozent gescheckte und 25 Prozent reinerbige farbige Jungtiere bringen.

Durch diverse Kombinationen von Erbanlagen werden sehr attraktive Scheckenvarianten erzielt. Dies eröffnet ein weites Feld für züchterische Aktivitäten.

Sehr schöne Scheckungsmuster gibt es am Kopf. Dabei entstehen grazile Linien, die in die jeweils andere Farbe eindringen. Schecken, die einen farbigen Rücken, farbige Armschwingen und einen gescheckten Kopf haben, werden in Japan in Anlehnung an den gleichnamigen zweifarbigen Pandabären als „pandafarbig" bezeichnet und haben ihre Ursache im „pa"-Gen.

Bei entsprechenden Paarungen zwischen „Weiß" und „Scheckig" gibt es die verschiedensten Scheckungsmuster. Es scheinen also Modifikatoren vorhanden zu sein, die für die Ausprägung der Farbverteilung zuständig sind. Sie sind erblich und können ein breites Spektrum an Mustern entstehen lassen.

Dunkelbraune Wachtel mit Resten einer Latzzeichnung.

Vererbung der Eischalenfarbe

Die verschieden gestalteten Eischalenfarben und -muster sind eigentlich typisch und sehr schön am äußeren Ei der Wachtel. Diese Färbung resultiert aus einer Schutzfunktion bei diesen eigentlich als Bodenbrüter lebenden Tieren. Bemerkenswert ist dabei, dass jede Henne ihr spezifisches Muster und ihre spezielle Farbe hat. Die Punkt-, Flecken- und Farbmuster sowie Farbschattierungen sind einmalig schön in ihrer Art. Daher werden Wachteleier auch gern ausgeblasen und als Oster-

Bei der Scheckenzucht ist vieles möglich: Hellscheckige und weißscheckige Wachteln bereichern die Scheckenpalette.

Bei den Wachteleiern gibt es die unterschiedlichsten Farben und Flecken. Jede Henne hat ihr eigenes Muster.

schmuck genutzt. Dessen ungeachtet gibt es erblich manifestierte Farbvarianten, die teils auch praktische Bedeutung haben. Das trifft vor allem auf die erbliche Weißschaligkeit zu. Normalerweise ist es sehr schwierig bei der Brut, die Eier zu durchleuchten. Die Einfärbung ist in der Regel zu stark, um Genaueres im Ei erkennen zu können. Das trifft besonders für die virologischen Forschungen zu, bei denen mit bebrüteten Eiern gearbeitet wird. Das Wachtelei ist damit ein potenzielles Versuchsobjekt und hier für bestimmte Virenstämme absolut notwendig.

Neben den wildfarbigen Eiern gibt es noch rotschalige und blautürkisschalige Wachteleier. Beide Farbvarianten sind ebenso genetisch fixiert. Ihre Stellung zum „normalfarbigen" Ei ist aus der Tabelle 13 ersichtlich.

Tabelle 13:
Erbanlagen bei Wachteln für die Eifärbung (nach Cheng und Kimura 1990), ergänzt

White egg-shell color	we, We^+	weißschaliges Ei
Red egg-shell color	R, r^+	rotschaliges Ei
Celadon	ce, Ce^+	blauschaliges Ei

Wie zu sehen ist, wird sowohl die weiße als auch die blauschalige Eiermutante rezessiv vererbt, der rote Farbton folgt dem dominanten Erbgang. Wenn es darum geht, eine rein weiße Eier legende Linie aufzubauen, ist es am einfachsten, nur weiße Bruteier einzulegen. Um möglichst der Inzucht zu begegnen, kann man auch über eine gewisse Zeit Hennen, die in der Regel aus spalterbigen – also normal gefärbten – Eiern entstammen, für die Zucht einplanen. Andererseits geht es, anfangs mit zwei Sublinien zu arbeiten, wobei eine Linie rein weiße Eier bringt und die andere Linie „Weißeileger“ von heterozygoten Tieren stammt. Eine Kombination beider ist nach drei bis vier Generationen angebracht. Beim Aufbau von Stämmen und Linien muss man unbedingt auf eine breite Basis achten. Die Gefahr, durch Inzucht eine kleine Population einzubüßen, ist zu groß und der ideelle Wert ist oft wesentlich höher als der materielle.

Das schöne Punkt-, Flecken- und Farbmuster des Wachteleis diente ursprünglich dem Schutz des Geleges der Bodenbrüter. Jede Wachtel hat ihre eigene Farbe und ihr eigenes Muster.

Rassen

Im eigentlichen Sinne gibt es bei Wachteln kaum Rassen. Zum anderen ist der Rassenbegriff relativ weit gefasst. Kronacher hat vor 80 Jahren die Rasse wie folgt definiert: *„Eine Rasse ... ist eine Gruppe von Tieren derselben Art, die aufgrund ihrer Abstammung, bestimmter morphologischer und physiologischer Eigenschaften und ihres Gebrauchszweckes eine enge Zusammengehörigkeit aufweisen ... eine nach Aussehen und Leistungen gleiche oder ähnliche Nachkommenschaft liefern.“* Dazu modifizierend wird teils von Rassenkreisen, geografischen oder ökologischen (hier als Teil der Biologie mit den Wechselwirkungen zwischen Organismen und der Umwelt wirkenden) Rassen gesprochen. Einbegriffen ist auch als Fixum, dass es sich dabei um den domestizierten Teil einer Art handelt. Dieser domestizierte Teil ist in der Regel auch in mehrere Rassen unterteilt.

Meist war an eine Rasse ein Farbenschlag gebunden und deshalb heißen eben immer noch alle goldgelben Wachteln „Mandschurische Wachteln“. Das sind Tiere mit dem „Yellow“-Faktor. Die Sprenkelwachteln werden auch als „Australische Sprenkel“ bezeichnet. Beschrieben sind Englische Weiße und Amerikanische Ranch-Wachteln. Letztere sind dunkelbraun (tenebrosusfarbig). Weiter gibt es in Großbritannien einen „Crusanderstamm“, für schwere Wachteln wurde vor Jahren der Name „Pharao-Wachtel“ geprägt. Wachteln, die am Kopf, an der Brust, an der Unterseite und an den Handschwingen weiß sind, nennt man bei sonstiger dunkelbrauner Färbung „Tuxedo“. Nicht selten fügen die Züchter ihren Namen bei und dann kann man lesen: „Fischers Pharao-Wachtel“ oder „Müllers Tuxedos“. Es ist also auch ein weites Feld von Möglichkeiten, seinen Namen mit in die Kennung von Stämmen oder Rassen einzubringen.

Unter wissenschaftlichen Aspekten gezüchtete Linien bekommen entsprechend internationaler Festlegungen in der Regel institutseigene Nummern oder Kennungen bzw. es gibt auch international abgestimmte Zeichen für Labortiere aller Art und Genkonstruktionen. Beispielsweise werden Auszuchtstämme durch Angabe eines Institutskürzels und eines Stammnamens ausgewiesen.

Beispiel: Iden:614
Das bedeutet, dass der Stamm mit der Nummer 614, in Auszucht gehalten, aus der Zucht des Zentrums für Tierhaltung in Iden/Altmark stammt.

Eine Übersicht zur Vielfältigkeit der Institutsstämme hat Mizutani aufbereitet. Dabei wird dargestellt, was für spezifische Stämme in Japan gehalten werden. Nach folgender Gliederung werden dabei die Gruppen aufgeführt:

- Geschlossene Populationen in Zufallspaarung mit teils verschiedenen Genen. Insgesamt fünf Stämme sind angeführt.
- Geschlossene Populationen mit spezifischen Markergenen, wie Gefiederfarbe, Eischalenfarbe oder Bluttypen. Hier sind es sieben Stämme.
- Geschlossene Populationen bei Nutzung der Tiere als Modell für erbliche menschliche Krankheiten und verschiedenste Veränderungen an Skelett usw. Hierzu zählen zehn Stämme.
- Geschlossene Populationen mit zielgerichteten Selektionen nach verschiedenen Parametern. Das betrifft drei Stämme.
- Geschlossene Populationen mit Kennfarbigkeit und mit drei verschiedenen Stämmen, in denen die verschiedenen geschlechtsgebundenen Gene fixiert sind.

Zucht neuer Farbvarianten

Aus wenigen Grundfarben und ein paar Scheckungsmustern lässt sich eine Vielzahl von Farbenschlägen herauszüchten, wie in der folgenden Tabelle 14 zu sehen ist. Dabei wurden nur die in Mitteleuropa bekanntesten Farbenschläge benutzt.

Für den interessierten Züchter ist die Nutzung der Prinzipien der Farbvererbung sehr attraktiv. Wenn man dabei den „Durchblick“ hat, ist es leicht, sich neue Farbenschläge mit den eigenen Tieren ohne Zukauf selbst zu züchten.

Dunkelbraune Tiere ohne Verdünnungsfaktor sollen Letzteren mithilfe einer wildfarbig verdünnten Wachtel erhalten.

Beispiele für die Vererbung von Gefiedergenen

Die Möglichkeiten, die durch die Kombinationen der direkten Farbgene mit Verdünnungsfaktoren sowie Scheckungsmustern gegeben ist, scheint unermesslich zu sein. Jeder Züchter kann im Prinzip seine eigene farblich einmalige Zucht aufbauen. An ein paar Beispielen soll das gezeigt werden. Dabei bedienen wir uns des Punnett'schen Quadrates, einer übersichtlichen Darstellungsmethode der Erbgänge.

Tabelle 14:
Übersicht über Farbvarianten durch Kombination der Erbanlagen bei Japanwachteln, die in Mitteleuropa gehalten werden

Bezeichnung	Genetische Symbole
wildfarbig	e^+e^+
dunkelbraun	EE
beige	Y^FY^F
wildfarbig verdünnt	e^+e^+Dildil$^+$
dunkelbraun verdünnt	EE Dildil$^+$
beige verdünnt	Y^FY^F Dildil$^+$
weiß, Hintergrund wildfarbig weiß, Hintergrund dunkelbraun	e^+e^+whwh EE whwh
weiß, Hintergrund beige	Y^FY^F whwh
weiß, Hintergrund wildfarbig verdünnt	e^+e^+Dildil$^+$ whwh
weiß, Hintergrund dunkelbraun verdünnt	EE Dildil$^+$ whwh
weiß, Hintergrund beige verdünnt	Y^FY^F Dildil$^+$ whwh
Schecken, dunkelbraun, weißbrust	EE wbwb
Schecken, dunkelbraun, weißkopf	EE crcr
Schecken, dunkelbraun, weißschwingig	EE wpwp
Schecken, dunkelbraun, weißbärtig	EE bibi
Die letzten vier Varianten sind verdünnt möglich.	
Schecken, dunkelbraun > 16 Kombinationen	EE plus wb, cr, wp, bi jeweils einzeln oder kombiniert
Schecken, dunkelbraun verdünnt > 16 Kombinationen	EE Dildil$^+$ plus wb, cr, wp, bi jeweils einzeln oder kombiniert

Beispiel 1:
Paarung einer tenebrosusfarbigen Wachtel an eine wildfarbig verdünntfarbige Wachtel. Da keine geschlechtsgebundene Vererbung vorliegt, ist es ohne Belang, welches Elternteil welche Farbe besitzt.

Eltern: EE dil$^+$dil$^+$ x e$^+$e$^+$ Dildil$^+$

Gameten: E dil$^+$ E dil$^+$ e$^+$ dil$^+$ e$^+$ Dil

Nachkommen:

♀ / ♂	E dil$^+$	E dil$^+$	e$^+$ dil$^+$	e$^+$ Dil
E dil$^+$	EE dil$^+$dil$^+$ dunkelbraun	EE dil$^+$dil$^+$ dunkelbraun	Ee$^+$dil$^+$dil$^+$ dunkelbraun	Ee$^+$Dildil$^+$ dunkelbraun verdünnt
E dil$^+$	EE dil$^+$dil$^+$ dunkelbraun	EE dil$^+$dil$^+$ dunkelbraun	Ee$^+$dil$^+$dil$^+$ dunkelbraun	Ee$^+$ Dildil$^+$ dunkelbraun verdünnt
e$^+$ dil$^+$	Ee$^+$dil$^+$dil$^+$ dunkelbraun	Ee$^+$ dil$^+$dil$^+$ dunkelbraun	e$^+$e$^+$ dil$^+$dil$^+$ wildfarbig	e$^+$e$^+$ Dildil$^+$ wildfarbig verdünnt
e$^+$ Dil	Ee$^+$ Dildil$^+$ dunkelbraun verdünnt	Ee$^+$ Dildil$^+$ dunkelbraun verdünnt	e$^+$e$^+$ Dildil$^+$ wildfarbig verdünnt	e$^+$e$^+$ DilDil silberweiß letal

Zwei dunkelbraun verdünnte Wachteln.

Es fallen sechs verschiedene Genotypen an, die im Falle von EE oder Ee+ nur mit Erfahrung auseinander gehalten werden können. Es fallen im Mittel auf 16 Jungtiere neben den Ausgangsfarben vier dunkelbraun verdünnte, ein Küken mit Wildfärbung und eines mit dem letalen „Silberweiß“, bei denen der Verdünnungsfaktor homozygot auftritt (DilDil) und möglicherweise nicht beobachtet wird, da er letal bzw. semiletal ist.

Test auf Reinerbigkeit: Bei rezessiven Merkmalen ist es relativ einfach, reinerbige Stämme aufzubauen. Man muss nur die Genträger anhand ihres Erscheinungsbildes (Phänotyp) auslesen. Die dunkelbraun verdünnten Nachkommen sind erst bläulich gräulich gefärbt und färben sich dann im Zuge der weiteren Gefiederentwicklung in ein schönes Mittelbraun mit grauen Nuancen an den Flügelfedern.

Bei Vorhandensein von heterozygoten Erbanlagen ist es etwas schwieriger, die hier ungewünschten rezessiven Gene zu eliminieren. Theoretisch muss man die für dieses Merkmal reinerbig rezessiven Tiere an Tiere paaren, die einen definierten Genstatus haben, und sieht dann anhand der Nachzucht, ob das fragliche Tier heterozygot oder homozygot ist. Dazu reichen aber nicht nur zwei bis drei Nachkommen, um eine Aussage zu treffen. Rein zahlenmäßig wären mindestens 16 Nachkommen nötig. Da aber die Wahrscheinlichkeit dagegen spricht, solche Ergebnisse mit der Minimalzahl zu erhalten, muss man ein Vielfaches davon prüfen. Das übersteigt in der Regel die Möglichkeiten, die ein Hobbyzüchter hat. Es ist bei nicht streng durchgeführten Kontrollen ohne Weiteres möglich, dass sich ein rezessives Gen über mehrere Generationen unbemerkt hält und bei „passender" Gelegenheit, also wenn zwei dieser verdeckten Gene zusammenkommen, offenbar wird.

Eine Anhäufung von verdünntfarbigen Tieren gibt es, wenn zum Beispiel Dunkelbraun verdünnt und Wildfarbig verdünnt gepaart werden.

Beispiel 2:
Paarung einer dunkelbraun verdünnten Wachtel an eine wildfarbig verdünnte Wachtel

Dieser dunkelbraun verdünnte Wachtelhahn fühlt sich in der Freianlage wohl.

Beigefarbener Hahn und rechts die beige verdünnte Variante.

Eltern: EE Dildil$^+$ x e^+e^+ Dildil$^+$

Gameten: E Dil E dil$^+$ e^+ Dil e^+ dil$^+$

Nachkommen:

♀ / ♂	E Dil	E dil$^+$	e^+ Dil	e^+ dil$^+$
E Dil	EE DilDil dunkelbraun-silberweiß *letal*	EE Dildil$^+$ dunkelbraun verdünnt	Ee^+DilDil dunkelbraun-silberweiß *letal*	Ee^+Dildil$^+$ dunkelbraun verdünnt
E dil+	EE Dildil$^+$ dunkelbraun verdünnt	EE dil$^+$dil$^+$ dunkelbraun	Ee^+ Dildil$^+$ dunkelbraun verdünnt	Ee dil$^+$dil$^+$ dunkelbraun
E Dil	Ee^+ DilDil dunkelbraun-silberweiß *letal*	Ee^+ Dildil dunkelbraun verdünnt	e^+e^+ DilDil wildfarbig-silberweiß *letal*	e^+e^+ Dildil$^+$ wildfarbig verdünnt
e^+ dil$^+$	Ee^+Dildil$^+$ dunkelbraun verdünnt	Ee^+ dil$^+$dil$^+$ dunkelbraun	e^+e^+ Dildil$^+$ wildfarbig verdünnt	e^+e^+ dil$^+$dil$^+$ wildfarbig

Ein Viertel der Tiere ist mit dem Faktor Dil homozygot belastet, daher muss man mit 25 Prozent weniger geschlüpften Tieren rechnen. Es ist also nicht zu empfehlen,

Wildfarbiger (rechts) und wildfarbig verdünnter Hahn (links).

heterozygote Dil-Genträger miteinander zu verpaaren, sondern stattdessen homozygote Nichtgenträger an heterozygote Genträger.

Beispielsweise paart man ein wildfarbiges Tier an ein wildfarbig verdünntes Tier oder man arbeitet mit Zuchtgruppen und dabei muss der Hahn bezüglich des Dil-Gens anders ausgestattet sein als die Hennen.

Beispiel 3:
Einführung des Dilute-Gens in beigefarbene Wachteln

Eltern: y^+y^+ Dildil$^+$ x Y^FY^F dil$^+$dil$^+$

Gameten: y^+ Dil y^+ dil$^+$ Y^F dil$^+$ Y^F dil$^+$

Nachkommen:

♂ \ ♀	y^+ Dil	y^+ dil+	Y^F dil$^+$	Y^F dil$^+$
y^+ Dil	y^+y^+ DilDi silberweiß *letal*	y^+y^+ Dildil wildfarbig verdünnt	y^+Y^F Dildil$^+$ beige verdünnt	y^+Y^F Dildil$^+$ beige verdünnt
y^+ dil$^+$	y^+y^+ Dildil$^+$ wildfarbig verdünnt	y^+y^+ dil$^+$dil$^+$ wildfarbig	y^+Y^F dil$^+$dil$^+$ beige	y^+Y^F dil$^+$dil$^+$ beige
Y^F dil$^+$	y^+Y^F Dildil$^+$ beige verdünnt	y^+Y^F dil$^+$dil$^+$ beige	Y^FY^F dil$^+$dil$^+$ beige	Y^FY^F dil$^+$dil$^+$ beige
Y^F dil$^+$	y^+Y^F Dildil$^+$ beige verdünnt	y^+Y^F dil$^+$dil$^+$ beige	Y^FY^F dil$^+$dil$^+$ beige	Y^FY^F dil$^+$dil$^+$ beige

Ein Viertel der Tiere ist beige verdünnt. Sie entsprechen phänotypisch weitestgehend den beigefarbigen Wachteln, aber mit Aufhellung. Durch die Paarung an reinerbige beigefarbene Wachteln kann der Anteil an wildfarbigen und wildfarbig verdünnten Wachteln auf 0 % gebracht werden.

Das Punett'sche Quadrat ist ein ideales Hilfsmittel, um Vererbungsgänge anschaulich darzustellen und nachzuvollziehen.

Aber Achtung: Rezessive Gene, wie hier die Wildfärbung, können sich über Jahre halten. Bei kleinen Tierzahlen ist nicht garantiert, dass ein Viertel die neue Farbe „beige ver-

Wildfarbig verdünnte Henne (links) und wildfarbige Henne (rechts).

dünnt" trägt. Es können mehr Tiere sein, aber auch gar keines. Diese Ergebnisse erhält man ebenfalls annähernd bei entsprechend großen Tierzahlen. Mancher hat schon aus Unkenntnis der notwendigen Tierzahlen die Mendel'schen Regeln für ungültig oder falsch erklären wollen.

Beispiel 4:
Vermehrung und Erhaltung des Dil-Genes ohne letale Wirkung des Verdünnungsfaktors am Beispiel der Wildfarbe (geht ebenso bei dunkelbraunen und beigen Wachteln)

Eltern:	e^+e^+ Dildil	x	e^+e^+ dil^+dil^+	
Gameten:	e^+ Dil	e^+ dil	e^+ dil^+	e^+ dil^+
Nachkommen:	50 %: e^+e^+ Dildil		50 %: e^+e^+ dil^+dil^+	

♀ / ♂	e^+Dil	e^+dil^+
e^+dil^+	e^+e^+ $Dildil^+$ wildfarbig verdünnt	e^+e^+ dil^+dil^+ wildfarbig
e^+dil^+	e^+e^+ $Dildil^+$ wildfarbig verdünnt	e^+e^+ dil^+dil^+ wildfarbig

Man paart also ein verdünnt spalterbiges Tier an ein normalfarbig reinerbiges Tier und erhält 50 % verdünnt spalterbige und 50 % normalfarbig reinerbige Nachkommen.

Bei Verpaarung von jeweils spalterbigen Zuchttieren erhält man ein scheinbares Ergebnis von 1/3 reinerbiger und 2/3 spalterbiger Nachkommen. Das ist deshalb scheinbar, weil das eigentliche Verhältnis von 25 : 50 : 25 durch die letale Wirkung bei homozygoter Verdünnung (25 %) nicht sichtbar wird.

Mutationen mit weiteren Wirkungen

Für den langjährigen Züchter sind in der Regel die Langschnäbligkeit, die Schiefhalsigkeit und die Federbüschel an Ohr und Kehle bekannt. Aber auch andere Mutanten können auftreten, die eingeordnet werden müssen. Zumal, wenn sie letal sind, können sie das Brutergebnis erheblich beeinträchtigen. Dabei ist an die „stachelschweinartige" Ausformung der Federn zu denken. Es handelt sich um Federkiele ohne Fahnen. Das ist eine Mutation, die immer wieder auch bei anderem Geflügel auftritt.

Mutationen können das äußere Erscheinungsbild betreffen, aber auch Veränderungen zum Beispiel beim Gehör oder der Muskelbildung verursachen.

Ohrbüschel und Bärte wiederum sind auch bei Hühnern bekannt und als besondere Merkmale für einige Rassen prägend. Zu denken ist dabei an die Ohrbüschel tragenden Araucanahühner, die auch noch das Gen für grünlich gefärbte Eier haben, und an einige Barthuhnrassen wie Thüringer Barthühner oder an Antwerpener Bartzwerge.

Diese Mutanten weisen Fehlentwicklungen an den Schädelknochen und dem Gehör auf, wobei sie auch ohne Federbüschel auftreten oder Federabnormitäten zeigen. In der Regel wird mit solchermaßen belasteten Tieren nicht gezüchtet und es ist auch nicht leicht, diese Faktoren, wenn sie rezessiv vererbt werden, zu eliminieren. Bei letalen oder semiletalen Faktoren wird, wie schon wiederholt erwähnt, die Schlupfrate oder die Aufzuchtrate entsprechend negativ beeinflusst.

Mutationen der Gefiederstruktur gibt es ebenso beim Flaumgefieder, das nicht oder unvollständig ausgebildet sein kann. Weiterhin treten Mutationen bei der Muskelausbildung auf.

Nicht unerwähnt sollen die zahlreichen Mutationen im Bereich des Gehirns sein, die unter bestimmten Voraussetzungen als Modell für Tiere und letztlich den Menschen genutzt werden können.

An den deutschen Namen der Gene erkennt man schon, dass es sich um besondere Formen handelt, die nur bei der Kontrolle der Bruteier mit Mikroskoptechnik ausgemacht werden können. Es fallen Ergebnisse für die Wissenschaft an, die oft nur den Wert haben, erfasst zu sein, um Kenntnis davon zu haben, was möglich ist.

Vererbung von Wachstum und Reproduktion

Mit dem Problem der wirtschaftlichen Leistungen, wie Zahl der gelegten Eier oder Wachstumsintensität, beschäftigt sich die Populationsgenetik. Es geht also in der Regel um Eigenschaften, die nicht mit einem oder wenigen Genpaaren erfasst oder erklärt werden können. Hier spielen Faktoren wie Inzucht, Kreuzung oder Heterosis eine Rolle. Während man mithilfe der Methoden der klassischen oder qualitativen Genetik für einzelne Gene exakte Erbgänge aufstellen kann, erhält man über die Erblichkeit eines Merkmals mithilfe der quantitativen oder Populationsgenetik Schätzwerte. Diese Schätzwerte für den Erblichkeitsgrad oder auch Heritabilität genannt, werden zum Beispiel durch den Heritabilitätskoeffizienten (h^2) ausgedrückt und liegen zwischen 0 und 1 bzw. in Prozent von 0 bis 100 Prozent. h^2 wird aus der Ähnlichkeit bei der Ausprägung von Merkmalen von Verwandten wie Voll- und Halbgeschwistern oder Eltern und Nachkommen geschätzt. Methoden sind dabei die Varianzanalyse mit Schätzung der Varianzkomponenten und die Regressionsanalyse.

Die Populationsgenetik liefert Schätzwerte über den Erblichkeitsgrad (Heritabilität) eines bestimmten Merkmals. Eine Veränderung der Umwelteffekte kann jedoch den Erblichkeitsgrad relativ breit schwanken lassen.

Einen mittleren bis höheren h^2-Wert haben in der Regel Merkmale des Wachstums, wie zum Beispiel das Körpergewicht an einem fixen Punkt (zum Beispiel am

Eine normale Wachtel stellt sich dem Größenvergleich mit einer Fleischwachtel.

42. Lebenstag). Demgegenüber haben Merkmale, die mit der Fortpflanzung zusammengehören, einen eher niedrigen h^2-Wert.

Der Anteil der genetischen Varianz an der Gesamtvarianz, die sich wiederum aus genetischer und umweltbedingter Variation zusammensetzt, ist dieser h^2-Wert. Je geringer die Umweltvarianz an der Gesamtvarianz zu Buche schlägt, umso höher ist h^2.

Tabelle 15:
Übersicht über den Erblichkeitsgrad (Heritabilitätskoeffizienten) bei Wachteln (nach Schüler und Mitarbeiter 1991)

	nach Varianzkomponenten	Eltern-Nachkommen Regression
Legeleistung bis 100. Lebenstag	0,174	0,224
Legeleistung bis 200. Lebenstag	0,223	0,595
Eimasse des 1. Eies	0,209	0,149
Eimasse ø 20. bis 50. Ei	0,596	0,562
Dottermasse	0,456	0,484
Körpermasse männlich 42 d	0,600	0,484
Körpermasse weiblich 42 d	0,489	0,371
Alter beim 1. Ei	0,177	0,213
Schlupfrate	0,067	0,041
bratfertiger Rumpf männlich	0,406	0,321
bratfertiger Rumpf weiblich	0,453	0,406
Brustfleischanteil männlich	0,345	0,323
Brustfleischanteil weiblich	0,423	0,381

Die Ergebnisse geben die Realitäten in der jeweils untersuchten Zucht an. Eine generelle Verallgemeinerung der h^2-Werte ist nur bis zu einem gewissen Grad möglich. Wachstum und andere Merkmale mit geringerer Streubreite haben einen mittleren bis hohen Heritabilitätskoeffizienten und reproduktiv wirksame Merkmale einen niedrigeren Erblichkeitsgrad. Dies wird durch zahlreiche Untersuchungsergebnisse aus der Fachliteratur bestätigt. Bei Vergleichen muss man aber unbedingt die jeweils verwendete Methode mit beachten.

Zuweilen kommt es auch vor, dass die Legeleistung einen höheren Erblichkeitsgrad ergibt als der für das Gewicht. Da h^2 der Anteil der genetischen Varianz an der Gesamtvarianz ist, muss man beim Merkmal Einzeleimasse vermuten, dass einige Umweltfaktoren nicht optimal waren. Naheliegend ist die Vermutung, dass es Probleme mit der Futterration gab. Interessant ist auch die Beobachtung der Unterschiede zwischen den Stämmen. Die h^2-Werte sind also kein Dogma, sondern, wie schon betont, Ergebnisse einer Schätzung. Es ist aber allgemein bekannt, dass Schätzungen um einen nicht exakt festlegbaren Wert schwanken und auch schnell veränderlich sein können. Ursache ist dabei die Veränderung des Anteils der Umwelteffekte, die sich bekanntlich ebenfalls schnell ändern können.

Neben komplexen Faktoren, wie Wachstum oder Legeleistung, lassen sich auch spezifische Kriterien beleuchten, wie die Ei- oder die Fleischqualität. Für die bei Eiern interessanten und auch sehr sicher messbaren Merkmale sind die folgenden Ergebnisse bedeutsam.

Neben der mittels Daten aus dem Verhältnis von Geschwistern zu Halbgeschwistern bzw. zu Vorfahren geschätzten Heritabilität ist es möglich, aus den Ergebnissen eines Selektionsversuches die realisierte Heritabilität zu ermitteln. Diese Werte müssen natürlich auch im Zusammenhang mit der Generationsnummer gesehen werden, denn mit zunehmender Generationszahl nimmt die genetische Variabilität ab und der Selektionserfolg sinkt und damit sinkt der realisierte Vererbungsgrad, was gleichzeitig der Erfolg der Auswahl oder Selektion ist.

Die berechneten Erblichkeitsgrade über die Mutterwerte ergeben höhere Grade ihrer Erblichkeit. Man darf auch nicht dem Fehler verfallen, die Schätzwerte als absolut anzusehen.

Es sind immer Ergebnisse, die speziell für die untersuchten Herden oder Linien usw. spezifisch sind und damit eine begrenzte Aussagefähigkeit haben, was wiederum aber ausreichend ist.

Korrelationsrechnungen

Ebenfalls wichtige Anhaltspunkte ergeben sich aus den Berechnungen von Korrelationen, also aus dem Zusammenhang von zwei oder mehr Merkmalen. Dabei unterscheidet man eine phänotypische und eine genetische Korrelation. Die phänotypische Korrelation enthält neben den genetischen Zusammenhängen noch die Umwelteffekte. Bei den Korrelationskoeffizienten gibt es positive und negative Werte. Ein positiver Wert bedeutet, dass sich beide Merkmale in eine Richtung bewegen, ein negativer Wert zeigt eine gegensätzliche Richtung an. Zur Veranschaulichung die Mittelwerte für eine solche Population:

Ein positiver Korrelationskoeffizient belegt, dass sich beide Merkmale in die gleiche Richtung bewegen, ein negativer Wert verweist auf eine Entwicklung in entgegengesetzter Richtung.

Eigewicht erste zwei gelegte Eier	8,9 g
Eigewicht dreier Eier aus der dritten Legewoche	9,1 g
70-Tage-Legeleistung	58,6 St. (= 84 % Legeleistung)
Körpermasse beim 1. Ei	133,5 g
Körpermasse nach zwei bis drei Legewochen	126,7 g

Neben den phänotypischen Korrelationen lassen sich auch genetisch bedingte Zusammenhänge berechnen. Die Berechnungsgrundlage bilden die Werte nach Abstammung geordnet und zusammengestellt.

Hierbei sind besonders die sogenannten Autokorrelationen, also sich sachlich bedingende Zusammenhänge zu beachten, weil es sonst zu Überschätzungen kommt. Das trifft auf den hohen Wert zwischen Körpergewicht beim 1. Ei und Körpergewicht während der Legeperiode zu oder auf das Eigewicht des 1. und 2. Eies zum Mittel aus drei Eiern.

Ähnlich sind auch die Ergebnisse aus den Untersuchungen von Sato (1989) zu sehen. Bemerkenswert sind unter anderem die niedrigen Werte bei Eiklarhöhe und allen anderen Merkmalen und der hohe Wert bei Schalendicke und Dotterfarbe.

Baumgartner (1993) fand genetische Korrelationen für Merkmale der Eier. Dabei stand das Eigewicht in Korrelation zum Dottergewicht bei 0,60, zum Schalengewicht bei 0,55, zum Eiklargewicht bei 0,87 und zur Cholesterinkonzentration in negativer Korrelation von 0,53. Das heißt, dass in großen Eiern die Konzentration geringer ist und letztlich die Cholesterinmenge je Ei ähnlich ist – egal ob größer oder etwas kleiner.

Was durch Selektion erreicht wird

Das Prinzip der „Selektion" wurde schon mehrfach erwähnt. Was man durch einfache Selektion auf ein Merkmal hin erreichen kann, zeigt die Tabelle 16. Hier wurde auf relativ hohe sowie auf relativ niedrige Dottermasse im Ei selektiert.

Durch Selektion lassen sich bestimmte Merkmale in einem Stamm bzw. in einer Zuchtlinie verbessern und festigen.

In Linie 12/1 wurde auf hohe prozentuale (relative) und in Linie 12/2 auf niedrige prozentuale Dottermasse selektiert. Nach 24 Generationen differierten beide Teilpopulationen um 6 Prozent Dottermasse bzw. um etwa 1 g Dottergewicht. Die Linie 12/1 hatte sich bei Werten über 34 Prozent Dottermasse und Linie 12/2 bei Durchschnittswerten von 27 Prozent eingepegelt. Erblichkeitsgrad und Beziehungen zwischen den Merkmalen müssen bei derartigen Experimenten stets im Auge behalten werden. So erscheint es wichtig, auch die Legeleistung und das Eigewicht unbedingt zu beachten.

Tabelle 16:
Wirkung einer Selektion nach Dotteranteil auf Legeleistung und Eigewicht (Eigenuntersuchungen 1990)

	Eizahl bis 200. Lebenstag (St.)		Eigewicht vom 15. bis 50. Ei (g)	
Selektionsrichtung	**hoher Dotteranteil**	**niedriger Dotteranteil**	**hoher Dotteranteil**	**niedriger Dotteranteil**
Generation 0	131,3	131,3	11,24	11,24
Generation 4	135,6	142,9	10,61	11,46
Generation 8	134,3	127,2	10,42	11,07
Generation 12	139,3	132,6	10,38	10,68
Generation 16	135,2	136,1	10,40	10,89
Generation 20	124,7	135,2	10,24	10,48
Generation 24	127,6	127,5	10,24	10,47

Aus der Tabelle 16 ist ersichtlich, dass in beiden Linien das Eigewicht sank. Dabei waren die Differenzen wechselnd und unbedeutend.

Es kann auch die Dotterproduktion beider Linien in der 24. Generation verglichen werden. Bei einem etwas leichteren Ei war das Dottergewicht in der Linie „hoher Dotteranteil" um 0,63 g höher.

Das zeigt auch, dass es mithilfe der Selektionsmethoden noch erhebliche Möglichkeiten gibt, die Qualität der tierischen Produkte deutlich zu verbessern.

Die Leistungen verschiedener Linien sind in Tabelle 17 zusammengestellt. Diese Übersicht zeigt, was durch Selektion, also mit deren Hilfe, an „züchterischer Arbeit" möglich ist. Durch Hervorhebung sind die Ergebnisse der jeweiligen Selektionsrichtung markiert. Bei der Selektion auf hohe Einzeleimasse erreicht zwar die Linie 09 höhere Werte, die aber aus der bedeutend höheren Körpermasse resultieren. Zwischen den Linien 12/2 und 14 gibt es keinen Unterschied in der Legeleistung, aber die Eier von der Linie 12/2 haben eine deutlich kleinere Dottermasse. In der Grafik ist zu sehen, was durch gezielte Selektion erreicht werden kann. Sowohl die Mast- als auch die Legelinie haben gleiche Ausgangspunkte gehabt.

Tabelle 17:
Leistungen einiger Wachtellinien (1992)

Linie Hauptselektion	Stamm Linie 06 hohe Einzel-eimasse	Stamm Linie 09 hohe Körper-masse	Stamm Linie 12/1 hohe relative Dotter-masse	Stamm Linie 12/2 niedrige relative Dotter-masse	Stamm Linie 14 hohe Eizahl
Alter beim 1. Ei (d)	52	50	46	45	42
Körpermasse, 28 d (g)	93	181	100	97	91
Körpermasse, 42 d (g)	127	**282**	135	143	129
Eizahl, 100 d (St.)	40	38	45	48	48
Eizahl, 200 d (St.)	120	116	125	134	**135**
Einzeleimasse (g)	**12,0**	12,8	10,5	10,6	10,4
Relative Dottermasse (%)	29,5	31,0	**34,8**	**27,3**	**31,1**

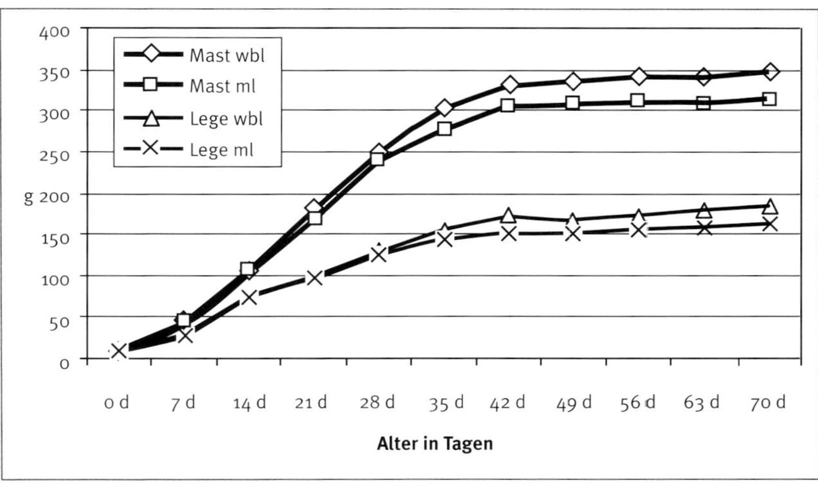

Wachstum bei Lege- und Fleischwachteln.

Brut

Eigentlich fängt die Brut schon lange vor der ersten Einlage an, denn man muss bei der Ernährung der Zuchttiere beginnen. Es sind definitiv sogenannte Carry-over-Effekte bekannt. Diese „Übertragungseffekte" schädigen bei ungenügender und nicht ausgewogener Ernährung die Nachkommen erheblich.

Die Brutdauer beträgt bei Hauswachteln 17 bis 18 Tage. Naturbrut ist bei Japanwachteln in der Regel nicht möglich, denn ähnlich wie bei Haushühnern ist durch die Selektion auf Legeleistung die Brutfähigkeit verloren gegangen. Aber auch hier gilt: keine Regel ohne Ausnahmen. Es ist schon sehr interessant, wie Tiere, die über viele Generationen und teils Jahrzehnte nicht selbst brüteten, plötzlich den Bruttrieb voll ausleben.

Dass die Wachteln nicht mehr brüten, bedeutet, dass die Eier in einem Brutapparat künstlich erbrütet werden müssen. Daher der Name „Kunstbrut". Und es gehört schon etwas Kunst zum Brüten, vor allem am Anfang. Es sieht einfach aus, aber die Kunstbrut hat auch ihre Tücken. Dabei sollte man eines nicht vergessen: „Nur Übung macht den Meister" und „Es ist noch kein Meister vom Himmel gefallen".

Brutei

Was ist vor der eigentlichen Brut zu tun?

- Sammeln der Bruteier
- Kennzeichnung der Bruteier
- Reinigen und Desinfizieren der Bruteier
- Lagerung der Bruteier

Eier von 90 bis 150 Tage alten Hennen eignen sich am besten als Bruteier. Die zur Einlage in den Brutapparat vorgesehenen Bruteier werden bei 14 bis 16 °C bis zu zwei Wochen gelagert und täglich gewendet.

Das Sammeln der Bruteier richtet sich nach Bedarf und Ziel. Für die Produktion von Fleischwachtelküken oder von Legehennen zur Eiproduktion ist wesentlich weniger Aufwand notwendig als für eine Stammzucht, bei der genau festgehalten werden muss, welches Ei von welcher Henne stammt. Zu beachten sind auch das Bruteigewicht und die äußere Beschaffenheit der Bruteier. Die Eier sollen eine typische Form und Farbe sowie Oberfläche haben, also keine Kalkablagerungen aufweisen und natürlich auch nicht dünnschalig oder gar gesprungen sein oder kleine Löcher zeigen.

Die Kennzeichnung der Bruteier ist schwierig. Filzstifte sind aufgrund der in ihnen enthaltenen Stoffe ungeeignet. Bleistifte sind ebenso nicht ideal, weil damit schnell ein Loch ins Ei gedrückt ist, und schließlich soll sich die Eikennzeichnung von der Musterung der Eier abheben. Es bleibt die Möglichkeit, die Eier zu sammeln und sie in nummerierte Behältnisse zu legen. Bewährt haben sich Eierpackungen von Legehühnern, die man gut markieren kann. Bis zum Einlegen kann man die Eier auf leeren Vorbruthorden lagern und dabei wenden oder man legt sie, je nach zu sammelnder Anzahl auf 30er-Eierpappen, die vorher gekennzeichnet werden. Man kann dann von zwei Hennen je 15 Eier oder von drei Hennen jeweils 10 Eier pro Pappe sammeln.

Ein Reinigen der Bruteier dürfte nicht notwendig sein, kommt aber zuweilen auch bei Käfighaltung vor. Man muss dann entscheiden, ob dieses Ei brauchbar ist oder nicht. Man reinigt mit lauwarmem Wasser und desinfiziert mit einer Lösung aus einem Chlorwaschmittel, das speziell für die Bruteierreinigung im Handel ist. Es gibt Untersuchungen mit Legehühnern, die bei Chloraminbehandlung deutlich bessere Schlupfergebnisse zeigten.

Das optimale Alter der Zuchttiere beim Bruteiersammeln liegt im Bereich von etwa 90 bis 150 Lebenstagen. Das sollte man wissen, denn mit einem überalterten Bestand sind kaum befriedigende Ergebnisse zu erreichen.

Die Lagerung der potenziellen Bruteier entscheidet nicht unerheblich über den Bruterfolg. Die Eier sollten kühl bei einer Temperatur von 14 bis 16 °C lagern und täglich gewendet werden, damit die Luftblase in Bewegung bleibt.

Bei der Lagerung verlieren die Eier an Gewicht. Nach drei Tagen Lagerung etwa 1 Prozent, nach 7 Tagen sind es 2 Prozent, nach 14 Tagen werden es 3 Prozent und vor dem Schlupftag wurden 4 Prozent ermittelt.

Während der Vorbrut liegen die Eier von Stammzuchten nach Abstammung getrennt auf der Horde. Hier werden sie um die eigene Achse bewegt, um das natürliche Drehen bei der Naturbrut zu simulieren.

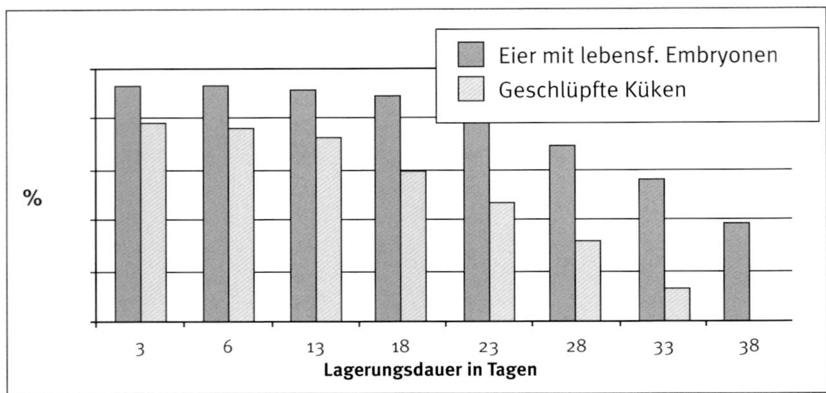

Einfluss der Dauer der Bruteierlagerung auf embryonale Sterblichkeit und Schlupfrate (nach Sittmann et al. 1971).

Die Lagerungsdauer der Bruteier beeinflusst den Bruterfolg nicht unwesentlich. Eine möglichst kurze Lagerzeit der Bruteier ist eine Grundlage für gute Schlupfergebnisse. Bis zu einer Lagerdauer von maximal zwei Wochen ist der Einfluss auf die Schlupfrate gering. Im Mittel kann man mit einer Minderung der Brutergebnisse von etwa 10 Prozent rechnen. Ebenso klar stellt sich logischerweise heraus, dass die verminderte Schlupfrate mit der Absterberate der Embryonen einhergeht.

Die Lagerung erfolgt allgemein mit der spitzen Seite des Eies nach unten bzw. flach liegend. Es gibt aber vor allem bei längerer Lagerung gute Erfahrungen, die Eier mit der spitzen Seite nach oben zu lagern. Ein Transport der Eier kann aber bei dieser Lagerungsvariante nicht empfohlen werden.

Das Versenden von Bruteiern ist bei Beachtung einiger Dinge recht gut möglich. Bewährt hat sich, die Bruteier in üblichen Verpackungen für je zwölf oder mehr Eier als erster Schutzhülle unterzubringen. Diese Packungen werden in einem festen Karton gestapelt und relativ straff mit weichem Material ausgepolstert. Mögliche Polstermittel sind Hobel- und Sägespäne, kurzes Stroh, geknülltes Papier oder geschäumte Verpackungsschnitzel aus Plastikmaterial. Wichtig ist, eine Entmischung zu vermeiden.

Die Aufbewahrung der Eier in Kunststoffbeuteln ist bei notwendiger längerer Lagerung möglich. Aufgrund des relativ hohen Aufwands eignet sich diese Methode eher für spezielle Bereiche. Dabei ist es ohne Weiteres möglich, derartige Varianten zu probieren, besonders bei „Raritäten“, die schwer zu züchten sind, weil bei ihnen vielleicht auch die Inzucht stärker wirksam wird.

Der Erfolg einer solchen Lagerung in Plastikbeuteln ist recht akzeptabel, eine Massenproduktion kommt dabei aber weniger in Frage. Immerhin ergab die Lagerung in Plastikbeuteln eine um > 15 Prozent bessere Schlupfrate.

Zu kalt sollen die Eier auch nicht gelagert werden, denn bei Temperaturen von 4 °C und weniger über eine längere Periode sterben die Embryonen im gelagerten Ei ab.

Wichtig für die Bruteierqualität sind eine kurze Lagerdauer, 12 bis 16 °C Raumtemperatur, 60 bis 80 Prozent relative Luftfeuchte und tägliches Bewegen der Eier um 120 bis 150 Grad, um ein Ankleben der Schalenhaut am Embryo zu vermeiden.

Brutschrank und praktische Brut

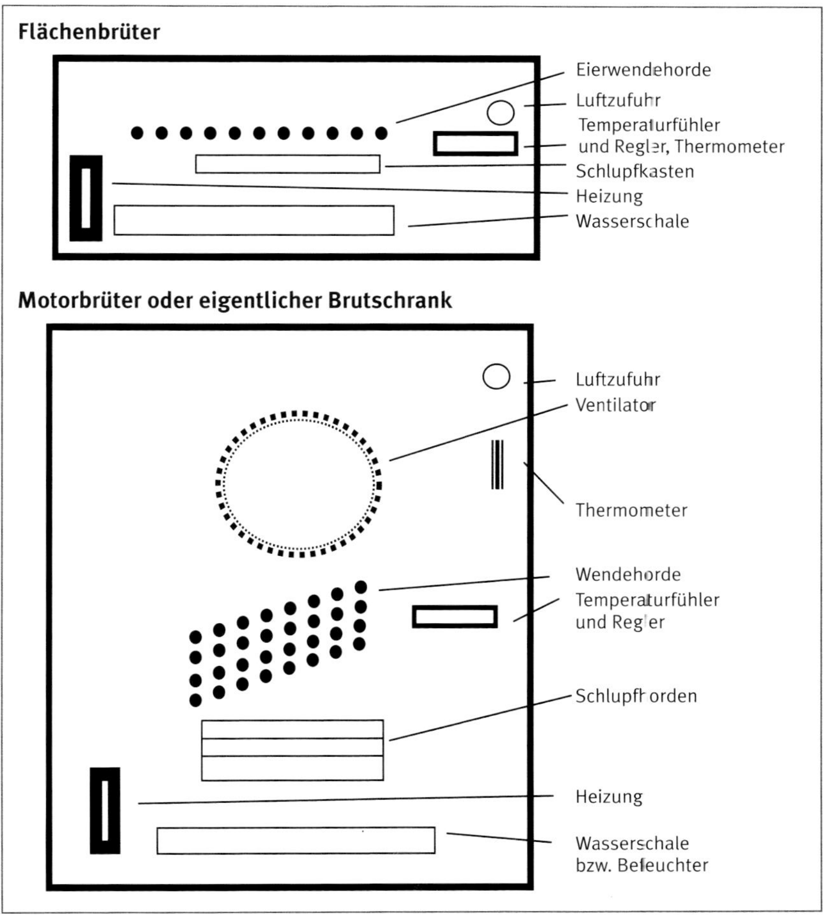

Die notwendigen Bauteile für Brutschränke sind bei beiden Typen sehr ähnlich. Der Motorbrüter ist zusätzlich mit einer Ventilation ausgerüstet.

Brutschränke sind vielfältig im Angebot. Der Preis richtet sich nach Kapazität und Ausstattung. Auch der teuerste Brutschrank gibt keine Garantie für den Erfolg. Das Wichtigste sind hierbei die Erfahrungen, die man zwangsläufig erst im Laufe der Zeit erwirbt. Von Bedeutung sind folgende Brutfaktoren: Temperatur, Luftfeuchte, Luftzirkulation und Bewegung der Bruteier, dazu Erfahrung, die man sammeln muss, und vor allem Ruhe.

Hier zahlt es sich aus, alle Dinge, die man bei der Brut unternimmt und alle Erscheinungen und Störungen zu notieren.

Es ist besonders wichtig, während des Schlupfes das Brutgerät geschlossen zu lassen. Jedes unnötige Öffnen des Brüters kann die Schlupfrate um etwa 10 Prozent senken. Die kritischste Phase ist während des eigentlichen Schlupfvorganges zu sehen. Wenn da plötzliche Änderungen der Umwelt wirksam werden, eben durch Öffnen des Brüters, ist das jeweils wie ein Schlag mit dem Holzhammer auf den Kopf der Küken. Vergleiche hinken, aber die Richtung ist sicher verständlich.

°C	
	schädliche Hitze, Keim stirbt
40,5	
	max. Variation der Bruttemperatur
35,5	
	unproportionale Entwicklung des Embryos
23,0	
	Entwicklung bei Bruteilagerung unterbrochen
4,0	
	Embryo stirbt

Einfluss der Temperatur auf die embryonale Entwicklung (nach Shanaway 1994).

Die Temperaturspanne, in der ein Embryo sich noch entwickelt, ist sehr weit gefasst. Optimale Temperaturen liegen im Bereich von 37 bis 38 °C und das lässt sich noch eingrenzen auf 37,3 bis 37,8 °C während der Vorbrut und 37,2 bis 37,5 °C bei der Schlupfbrut. Bei einigen Brutmaschinen wird mit Grad Fahrenheit (°F) gemessen, und das bedeutet bei Wachteln den Bereich zwischen 99 und 101 °F als die günstigste Bruttemperatur.

Bei der Temperaturgenauigkeit sollte man es nicht übertreiben und um jeden Preis auf ein Zehntel genau die Temperatur halten wollen. Das ist nicht notwendig und Schwankungen im Bereich eines Grades sind normal. Bei der Naturbrut ist es auch nicht möglich, die Temperatur exakt einzuhalten. Das brütende Tier muss unter anderem zur Nahrungssuche und zum Fressen das Nest verlassen.

Die Luftfeuchtigkeit sollte in der Vorbrut bei 60 Prozent gehalten werden, am Brutende sind 80 Prozent nötig. Die Forderungen in der Vorbrut sind leichter zu erreichen, denn da reicht es meist aus, eine ständig mit Wasser gefüllte Schale in Größe der Grundfläche des Brüters auf den Boden zu stellen.

Mit einem Haarhygrometer ist die Luftfeuchtigkeit im Brutschrank leicht zu überprüfen.

Die Küken von paarweise gehaltenen Wachteln müssen auch kontrolliert schlüpfen. Dazu werden die Eier vier Tage vor dem Schlupf in kleine Drahtkörbchen eingelegt.

Beim Brutgeschehen ist Hygiene unabdingbar. Das Bild zeigt die Entnahme der Küken aus dem Brutschrank bei einem Produktionsschlupf.

80 Prozent erreicht man durch Vergrößerung der Oberfläche des Wasserbehälters, indem man Tücher in die Wasserwanne hängen lässt, oder mittels eines Befeuchtungssystems, von dem es viele Varianten gibt. Das kann Sprühen sein oder Bewegung einer Walze im Wasserbecken, um letztlich wieder die Oberfläche, die Wasser an die Luft abgibt, zu vergrößern.

Bemerkenswert ist übrigens, dass Perlhühner, die eigentlich in heißen Regionen zu Hause sind, eine Luftfeuchtigkeit von 100 Prozent in der Schlupfphase benötigen. Ursache für dieses Phänomen ist die harte und dicke Eischale bei dieser Scharrgeflügelart.

Die Luftzirkulation ist für die Sauerstoffversorgung der bebrüteten Eier nötig, und zwar zunehmend mit der Entwicklung der Embryonen im Ei. In einem Motorbrüter unterstützt ein Ventilator den Luftaustausch. Optimal ist, wenn überall die gleichen Strömungsverhältnisse vorherrschen und daraus folgend an allen Punkten im Brüter die gleiche Temperatur zu messen ist.

In einem Flächenbrüter erfolgt der Luftaustausch durch die Schwerkraft, daher ist es in einem solchen Gerät notwendig, den optimalen Messpunkt für die Temperaturkontrolle zu finden. Wie in einem normalen Raum ist es bei dieser Bruttechnik so, dass es oben am wärmsten ist und am Boden des Brüters am kühlsten. Es wird empfohlen, im oberen Drittel des Eies zu messen.

Das Wenden der Eier ist bereits während der Vorbrut notwendig, daher sollte man mindestens dreimal täglich die Eier im Winkel von jeweils 90 bis 120 Grad wenden. Wendevorrichtungen sind in vielen Brutschränken eingebaut und per Hand oder automatisch mithilfe eines Motors zu bewegen.

Mittlerweile ist auch der optimale Gehalt an CO_2 im Brutschrank steuerbar. Das CO_2-Niveau (maximal 0,3 bis 0,4 Volumenprozent) beeinflusst wesentlich ein gleichmäßiges Schlüpfen der Küken. Diese Techniken sind aber den Großraumbrütern vorbehalten.

Während der Brut und der Entwicklung der Embryonen verringert sich das Bruteigewicht um täglich 0,8 Prozent, was nach 17 Bruttagen 13,8 Prozent Verringerung des Anfangseigewichtes bedeutet. Dabei reduziert sich auch die Schalendicke um etwa 7 Prozent. Sie wurde bei Frischeiern mit 0,193 mm gemessen und vergleichsweise nach dem Schlupf der Küken gemessene Eischalen hatten 0,179 mm Stärke aufzuweisen.

- *Die Lagerung der Eier erfolgt im Allgemeinen mit der spitzen Seite des Eies nach unten bzw. flach liegend.*
- *Im Brutschrank muss unbedingt Hygiene gewährleistet sein!*
- *Das Versenden von Bruteiern ist per Post gut möglich.*

Der Schlupf der Wachtelküken erfolgt sinnvollerweise in Schlupfkörbchen aus engmaschigem Draht, sonst können die nur 6 bis 9 g schweren Wachtelküken leicht entweichen. Die Kästchengröße muss dem Zweck angepasst sein: Für einen Stammschlupf reichen Drahtkästchen mit einer Kantenlänge von 10 bis 12 cm. Beim Gruppenschlupf reichen dichte Horden und bei Bedarf eine Abdeckung.

Die Reinigung des Brutschrankes ist sehr wichtig und muss ernst genommen werden. Man kann sich vorstellen, dass bei diesen Bruttemperaturen von annähernd 40 °C die Gefahr besteht, dass sich unerwünschte Keime vermehren. Hier gibt es nur eins: Sauberkeit und nachfolgende Desinfektion sind notwendig. Es gibt ein altes Rezept zur Desinfektion: Formalin und Kaliumpermanganat reagieren lassen. Je nach Raummeter gibt man 35 g Formalin und den „Treibsatz" Kaliumpermanganat in einer Menge von 17,5 g dazu. Mittlerweile wird Formalin weniger empfohlen, da es krebserregend sein kann. Es gibt aber eine Reihe anderer Desinfektionsmittel im Handel. Empfehlen kann man, genau nach Vorschrift zu verfahren, und ebenso ist es sinnvoll, die Mittel zu wechseln.

Solch gute Schlupfergebnisse sieht jeder Wachtelzüchter gerne.

Zum Wirkungsgrad: Bei Holzapparaten ist es bekanntlich unmöglich, einen hundertprozentigen Reinigungseffekt zu erreichen. Böse Zungen behaupten, dass man Holzbrutschränke nur durch Verbrennung keimfrei bekommt!

Übrigens: Es gibt nicht nur Brutgeräte, die mit Elektrizität betrieben werden, sondern auch solche, die mit Öl beheizt und mit Dieselmotorantrieb ventiliert werden.

Bruthygiene und Brutfehler

Bruträume sind ständig sauber zu halten, sollten gut abwasch- und desinfizierbare Wände und Fußböden besitzen. Wer möglichst zeitig wissen will, wie die Befruchtung ausgefallen ist, muss die Eier schieren – das ist das Durchleuchten der Eier mit einer speziellen Lampe, einer Schierlampe, was bei den bunten und damit so schwierig zu kontrollierenden Eiern wie den Wachteleiern mit UV-Licht betrieben wird.

Das Wichtigste bei der Kunstbrut sind die Erfahrungen. Da man aus Fehlern lernen muss, bringt das aber auch zusätzliche Informationen, die man nirgends nachlesen kann. Es fängt schon damit an, dass man kontrolliert, was vom Brutschrank angezeigt wird. So ist es unter anderem wichtig, so simple Sachen zu prüfen, ob die Wendevorrichtung wirklich wendet oder ob nur das zugehörige Lämpchen leuchtet. Versäumnisse hierbei können zu erheblichen Ausfällen führen, die sich wirtschaftlich deutlich niederschlagen.

Ein wildes Biotop, das einiges bietet und den Bewegungsdrang der Wachteln fördert. Heranwachsende Grasbüschel müssen aber geschützt werden.

Tabelle 18:
Übersicht über mögliche Brutfehler

Fehler	Ursachen
unbefruchtete Eier	zu wenig männliche Zuchttiere; Inzucht; Unfruchtbarkeit; Stamm zu kurz beieinander; Eier zu alt
abgestorbene Embryonen in der Mitte der Brutperiode	Temperaturschwankungen während der Lagerung; Fäulniskeime; Salmonellose
abgestorbene Embryonen am Ende der Brutperiode	Mineralstoff-/Vitaminversorgung der Elterntiere unzureichend; Krankheiten; zu hohe Bruttemperatur; Sauerstoffmangel; zu geringe Wendehäufigkeit
Steckenbleiben vor dem Picken	Letalfaktoren; Krankheiten; zu geringe Luftfeuchte; kurzzeitige Überhitzung der Bruteier; Fehler beim Wenden
falsche Pickstellen	zu langes Wenden
zu früher Schlupf	hohe Bruttemperaturen
zu später Schlupf	niedrige Bruttemperaturen; lange Bruteilagerung
lange Schlupfdauer	ungleichmäßige Bruttemperaturen; differenziertes Bruteialter; Bruteigewichte differieren; Rasse, Genotyp
verklebte Küken mit anhaftender Eischale	zu niedrige Luftfeuchtigkeit
verklebte Küken	zu niedrige Temperatur; zu hohe Luftfeuchtigkeit
Dottersack nicht eingezogen	zu hohe bzw. stark schwankende Temperaturen
Nabel schlecht verwachsen bzw. blutig	zu niedrige Luftfeuchtigkeit; Krankheiten
kleine Küken	zu geringe Eigröße; zu niedrige Luftfeuchtigkeit; zu hohe Temperaturen; genetische Ursachen
große schwammige Küken	zu hohe Luftfeuchtigkeit; unzureichende Ventilation
intensiv gelb gefärbte Küken	zu intensive Begasung mit Formalin
missgebildete Küken	erbliche Anlagen (Letalfaktoren); Mangelernährung der Elterntiere; zu hohe Temperaturen

Beeinflussung des Brutergebnisses durch Züchtung und Haltung

Zahlreiche Faktoren beeinflussen das Brutergebnis. Dass die Brut mit der Beherrschung der Technik beginnt, konnte schon gezeigt werden. Es gibt aber eine ganze Palette von Faktoren, die ebenfalls das Ergebnis beeinflussen können. Hier die oft gestellte Frage: In welchem Geschlechterverhältnis werden die Wachteln verpaart? Die Tabelle 19 gibt Auskunft darüber.

Tabelle 19:
Einfluss des Anpaarungsverhältnisses auf Befruchtung und Schlupfergebnisse (nach Woodard und Abplanalp 1967)

Anpaarungs-verhältnis	Befruchtung %	Schlupfrate der befruchteten Eier %
1 : 1	81,4	83,0
1 : 2	81,4	81,4
1 : 3	68,6	81,1
1 : 4	49,6	77,4
1 : 5	61,6	81,1
1 : 6	53,7	79,0

Diese Ergebnisse zeigen deutlich, dass bis zum Verhältnis ein Hahn zu drei Hennen die Befruchtungsrate gut ist und danach eine geringere Erfolgsquote besteht. Ein Einfluss auf die Schlupfrate ist kaum wahrscheinlich.

Wichtig erscheint auch, ob das Alter der Tiere einen Einfluss auf das Brutergebnis hat. Die dazu vorliegenden Untersuchungen zeigen deutlich, dass im Alter von etwa 40 Wochen die Befruchtungsrate deutlich abnimmt. In diesem Rahmen sinkt auch die Schlupfrate. Man kann also feststellen, dass mit zunehmendem Alter sowohl die Legleistung sinkt als auch die Befruchtungsrate und die Schlupfrate der befruchteten Eier abnehmen

Man sollte also mit der Planung einer neuen Wachtelgeneration nicht zu lange warten. Seitens des Celler Geflügelforschungsinstitutes empfahl man, nur bis zu einem Alter der Zuchttiere von 180 Tagen Bruteier zu sammeln. Nach eigenen Erfahrungen ist es ratsam, im Jahr drei Generationen zu ziehen. Da hat man die Garantie, dass möglichst viele Erbanlagen weitergegeben werden und wenig Erbgut verloren geht. Die Produktion von drei Generationen pro Jahr gibt dem Züchter die Möglichkeit, dreimal im Jahr zu selektieren. Das wirkt sich natürlich auf den Zuchtfortschritt aus.

Es ist vorstellbar, nur eine Generation pro Jahr zu ziehen, aber die Inzucht nimmt in solchen Beständen durch den intensiven Verlust an Erbanlagen und bei Ausfall von Zuchttieren rasch zu und wirkt sich dann zusätzlich negativ auf die Befruchtungsrate aus.

In der Hühnerzucht wird von erfahrenen Züchtern darauf geachtet, dass die ausgewählten Bruteier eine typische Form haben, keine Kalkablagerungen aufweisen und keine extremen Eigrößen auftreten. Insko und Mitarbeiter sind der Frage des Zusammenhangs zwischen Eigewicht, Befruchtung und Schlupfrate der befruchteten Wachteleier nachgegangen.

Bruteier sollte man nur von Tieren bis zu einem Alter von 180 Tagen sammeln. Bei durchschnittlich drei Generationen pro Jahr geht dabei nur wenig Erbgut verloren.

In diesem Versuch wurden 5.183 Eier für die jüngeren und 3.266 Bruteier für die älteren Zuchttiere eingelegt. Es zeigt sich deutlich, dass untergewichtige Eier nicht eingelegt werden sollten, denn sowohl die Befruchtungsrate als auch die Schlupfrate der befruchteten Eier ist vermindert. In der Tendenz zeichnet sich das auch bei den „übergewichtigen" Eiern ab. Die Erfahrungen der Hühnerzüchter lassen sich also auch auf die Wachtel übertragen: keine Über- und Untergewichte und auf Kalkablagerungen sowie eine typische Form sollte geachtet werden.

Eiqualitätsmessungen

Während der Brutperiode wird die Eischale dünner und das ist letztlich beim Schlupf zum Vorteil der Küken (Tabelle 20).

Tabelle 20:
Schalendicke von bebrüteten und unbebrüteten Wachteleiern (nach Kreitzer 1972)

	n	Schalendicke in mm	in % dünner
unbebrütet	75	0,193 ± 0,039	–
bebrütet	60	0,179 ± 0,038	7,3*

* = statistisch hoch gesichert

Die Eiform hat gleichfalls einen Einfluss auf die Schlupfrate bei Wachteln. Diese kann man weitestgehend mit dem sogenannten Eiformindex definieren. Dabei werden Eibreite und Eilänge gemessen und in Beziehung gesetzt. Ein Wert von

100 bedeutet, dass es sich um eine Kugel handelt und bei etwa 60 Prozent ist es eine sehr länglich ovale Form. In umfangreichen Untersuchungen konnte festgestellt werden, dass die länglich ovale Form, die man auch als typisch ansehen kann, die Schlupfrate günstig beeinflusst. Die eher runde Eiform deutet auf ein weniger ideales Brutei hin. Selbstverständlich sind auch unnatürlich lange Eier nicht erstrebenswert, weil sie ebenfalls das Schlupfergebnis senken.

Die günstigste Eiform zur Einlage in den Brutschrank ist länglich oval. Den Brutschrank erst dann öffnen, wenn mehr als die Hälfte der Küken bereits geschlüpft sind.

In den ersten 24 Stunden benötigen die Küken keine Nahrung, deshalb sollte man sie auch so lange wie möglich im Brutschrank lassen und diesen erst öffnen, wenn die Mehrzahl der Küken geschlüpft ist und sie deutlich abgetrocknet sind. Kontrollen müssen sich auf Blicke durch eine Glasscheibe beschränken. Es gibt eine alte Regel, die besagt, dass jedes vorzeitige Öffnen des Brüters die Schlupfrate um 10 Prozent senkt.

Für bestimmte Züchtungsexperimente ist es notwendig, die Hähne zu wechseln. Dafür gibt es zahlreiche Gründe. Zum einen kann es sein, dass für bestimmte Farbvarianten von einer zur nächsten Brut Umpaarungen vorgenommen werden müssen.

Wie lange muss man warten, bis der vorherige Hahn nicht mehr wirksam werden kann oder wie lange ist das Sperma im Eileiter haltbar und befruchtungsfähig? Das ist bei Züchtungsversuchen zum Messen der Umwelteinflüsse sehr interessant. Bei einer Verpaarungsdauer von zwei bis fünf Tagen konnten bereits gute Schlupfergebnisse erreicht werden. Nach Entnahme des Hahnes aus den Zuchtkäfigen hielt die Befruchtungsrate bis zu zehn Tage an.

Größenvergleich zwischen Wachtelei und Wachtelküken.

Diese Zeitspanne kann verkürzt werden, wenn unmittelbar nach der Entnahme des „alten“ Hahnes ein neues Tier zur Henne gesetzt wird. Bei gleichfarbigen Tieren sieht man aber den Küken nicht an, wer der Vater ist. Also muss man Tiere mit einer anderen Gefiederfarbe nutzen, die dominant zur Färbung des angepaarten ersten Hahnes ist.

Haltung der Wachteln

Grundlage für die Haltung sollte das Wissen über das Verhalten der Tiere sein.

Dazu ist bei Wachteln relativ wenig untersucht und publiziert worden, die Schriften sind teilweise stark tendenziös in beide Extreme gehend, also: Die „Technik ist alles" oder die „Natur ist alles".

Ein ohne Artgenossen aufgezogener Pfau hatte ein Wachteljunges als Partner akzeptiert. Diese Freundschaft hielt über ein Jahr.

Verhalten

Wenn man mit der Wachtelhaltung seinen Lebensunterhalt verdienen will und muss, sieht das anders aus als bei einem Hobbyzüchter, der Wachteln zur Freizeitbeschäftigung züchtet oder hält.

Dessen ungeachtet gibt es brauchbare Ergebnisse der Forschung, die quasi nebenher mit anfallen. Bei der Nutzung von Japanwachteln in wissenschaftlichen Untersuchungen, zum Beispiel über Grundlagen eines Fachgebietes, können für den Halter oder den Produzenten von Wachteln über die Verhaltensforschung auch allgemein verwertbare Ergebnisse anfallen, die sehr wertvoll sind. Zweifellos sind Fragen des Lernens interessant für den Halter und den Wachtelproduzenten.

Dass jüngere Wachteln leichter lernen als ältere Tiere erscheint schon logisch. Je früher, umso besser. Am schlechtesten war die „Lernfreudigkeit" während der Geschlechtsreife, also bei pubertierenden Tieren. Das Lernziel war, eine Futterquelle in einem Labyrinth zu finden.

Bei der Selektion auf hohe bzw. niedrige Paarungshäufigkeit erhöhte sich bei beiden Richtungen die Aggressivität der Tiere im Vergleich zu einer unselektierten Kontrollgruppe. Daneben hatten die auf hohe Paarungsaktivität selektierten Wachtelhähne die größten Schaumdrüsen und die auf niedrige Paarungsaktivität gezüchteten die entsprechend kleinsten Schaumdrüsen. Ebenso zeigte der Vergleich bei auf hohes bzw. niedriges Körpergewicht selektierten Wachteln im Vergleich zu einer Kontrollgruppe, dass die leichtesten Hähne und Hennen die höchste Befruchtungsrate und als Grundlage dazu auch die höchste Anzahl der erfolgreichen Paarungen hatten. Bei der Schlupfrate der befruchteten Eier war das Gewicht anscheinend ohne Wirkung.

Die Zahl der Faktoren, die auf die Tiere wirken, ist sehr vielfältig und es ist schwierig, alles in der praktischen Haltung zu verwerten.

Tabelle 21:
Einfluss des Körpergewichtes auf die Paarungsaktivität bei Wachteln (nach Blohowiak und Mitarbeiter 1984)

männlich		schwere Linie	Kontroll-linie	leichte Linie
Körpermasse	g	249	116	102
Brustwinkel	Grad	32,2	18,4	16,7
Kloakendrüse	mm^2	374	242	233
Kloakendrüse, relativ	%	1,5	2,1	2,3
versuchte Paarungen	St.	18,9	16,9	20,0
gelungene Paarungen	St.	2,7	5,5	7,6
vers./gelungene Paarungen	%	12,9	34,9	41,2
Befruchtung	%	62,3	81,3	92,6
Schlupfrate	%	78,5	73,7	72,4
weiblich				
Körpermasse	g	294	135	136
Brustwinkel	Grad	34,2	18,6	18,6
versuchte Paarungen	St.	23,6	16,5	15,5
gelungene Paarungen	St.	5,0	4,3	6,3
vers./gelungene Paarungen	%	20,0	27,5	40,4
Befruchtung	%	68,8	80,6	83,4
Schlupfrate	%	66,4	81,8	75,4

Es ist mittlerweile üblich, für die verschiedensten, vom Menschen gehaltenen Tiere allgemein gültige Richtlinien aufzustellen, die letztlich auch fassbar und kontrollierbar sind. Es geht dabei um messfähige Kriterien.

In einigen Ländern Europas hat man allgemeine Tierschutzrichtlinien zur Wachtelhaltung erlassen. Eine derartige Richtlinie existiert in der Schweiz und bildet die Grundlage für die Genehmigung einer Tierhaltung für gewerbliche Zwecke.

An konkreten Fakten ist festgemacht, wie viel Fläche in welcher Form zur Verfügung stehen muss. Je Tier sind konkret 450 cm^2 gefordert. Auf einer Grundfläche von 5.000 cm^2 können also maximal 11 Tiere gehalten werden. Sollen zum Beispiel zwölf Wachteln gehalten werden, müssen 5.400 cm^2 bereitstehen.

Für den Boden sind maximal 50 Prozent Gitter zulässig mit Maschenweiten von 8 mm x 8 mm für Küken und 12 mm x 12 mm für erwachsene Tiere. Eine weitere Haltungsvorschrift befasst sich mit dem Bereitstellen von einer Art Legenest, das eine Grundfläche von 20 cm x 20 cm haben muss bei einer Höhe von 16 cm. Diese Angaben entsprechen den hier gegebenen Vorschlägen.

Es ist sicher richtig festzulegen, dass handelsübliches Futter gegeben werden muss und auch das Wasser den hygienischen Anforderungen entspricht. Man sollte sich vor der Empfehlung hüten, das Futter mit frischem Gras, Salat, Äpfeln und Bananen aufwerten zu wollen, wie in der Schweizer Vorschrift nachzulesen. Das kann eher die Ursache für diverse Ernährungsstörungen werden und dem geforderten Wohlbefinden der Wachteln zuwiderlaufen.

Planen Sie je Wachtel mindestens eine Fläche von 450 cm^2 ein. Der Boden bei Käfighaltung darf max. 50 Prozent Gitter (8 x 8 mm für Küken, 12 x 12 mm bei Alttieren) betragen. – Frisches Beifutter kann Ernährungsstörungen verursachen.

Letztlich muss, und in der Schweizer Richtlinie wird es getan, auch das Verwerten der Tiere behandelt werden. Dies beginnt mit dem Schlachten der Wachteln.

Aufzucht

Für eine gute Aufzucht sind einige Voraussetzungen nötig. Das sind Stallklima mit Umgebungstemperatur und Luftfeuchtigkeit sowie die Notwendigkeit der Vermeidung von Schadstoffen in der Luft und krank machenden Keimen in der Umgebung. Selbstverständlich sind auch Menge und Qualität von Futter und Wasser zu beachten. Beim Stallklima geht es zuerst um die richtige Temperatur zum richtigen Zeitpunkt. Die Stalltemperatur beeinflusst die Temperatur unter der direkten Wärmequelle. Bei niedrigen Raumtemperaturen geht ein Teil Energie verloren, weil die Umgebung und nicht nur die Aufzuchtbox Wärme aufnimmt. Gerade in den ersten Tagen empfiehlt es sich, einen geschlossenen Kükenring zu nutzen. Damit erreicht man, dass weniger Energie zur Seite abgegeben wird. Man sollte die gesamte erste Aufzuchtphase in einem gut temperierten Raum durchführen, der möglichst nicht zu kalt ist.

Wachtelküken wachsen sehr schnell, sind im Alter von zwei Wochen weitgehend befiedert und können dann bei entsprechenden Zimmertemperaturen, etwa 20 bis 24 °C, gut leben. Aber in den ersten zwei Tagen sind Werte um 36 °C notwendig und die erreicht man durch Wärmestrahler, die mit Elektroenergie bzw. mit Gas betrieben werden. Temperaturmessungen sind angebracht und ebenso ist zu empfehlen, den Tieren ausreichend Platz zu lassen, damit sie sich ihre optimale Temperatur selbst aussuchen können, das heißt, dass in einer Aufzuchtbox die Temperaturen von der wärmsten bis zur kältesten Stelle um 5 bis 10 °C differieren können.

Als Faustregel kann man sich merken, dass die mittlere Umgebungstemperatur in den ersten zwei Wochen täglich um 1 °C sinken kann.

Lebenstag	1	2	3	4	5	6	7	8	9	10	11	12	13	14	...	21
°C	36	35	34	33	32	31	30	29	28	27	26	25	24	24	...	20

Mit optimal positionierten Wärmestrahlern erreicht man behagliche Temperaturen, wobei sich die Küken wärmere oder kühlere Reviere nach ihren speziellen Bedürfnissen selbst aussuchen können sollten.

Die Zahl der Wärmestrahler richtet sich nach der Zahl der Küken, die aufgezogen werden sollen. Für einen Infrarotstrahler mit 250 Watt kann man problemlos 100 Küken einplanen.

Ob mit oder ohne automatische Temperaturregelung, die Temperatur sollte man unbedingt mit einem Thermometer kontrollieren. Von den kleineren Aufzuchtkästen, wie sie in Stammzuchten üblich sind, kann man zwei bis vier Stück unter einer Lampe unterbringen. Man muss die Käfige so

Bodenhaltung bei der Kükenaufzucht: Futter, Wasser und Wärme müssen zur Verfügung stehen.

stellen, dass vier Käfigecken von einer Wärmequelle erfasst werden.

Die Körpertemperatur liegt bei 42 bis 43 °C und diese wird schon nach dem Schlupf erreicht. Bei den Hennen ist sie vom Schlupf an leicht höher als bei Hähnen. Das resultiert aus den intensiveren physiologischen Abläufen bei der Entwicklung des Legeapparates der Hennen und der anschließenden Legetätigkeit.

Das Beobachten der Küken ist wichtig, denn man kann aus dem Verhalten der Küken auf die richtige Temperatur schließen.

Schadstoffe in der Stallluft wie Ammoniak treten bei Kleinhaltungen nur bei Unsauberkeit, also schlechter Stallhygiene, auf. In größeren Beständen ist die Gefahr für derartige Unzulänglichkeiten schon größer. Wichtigste Gegenmaßnahme sind Zufuhr von ausreichend Frischluft durch Zwangsbelüftung und vorher bereits Entfernung der Quelle für die Schadstoffe. Das ist in der Regel der anfallende Kot, der in größeren Anlagen mit Käfighaltung speziell belüftet werden kann, um derartige Probleme gar nicht erst aufkommen zu lassen. Die Belüftung kann sowohl mit Überdruck als auch mit Unterdruck erfolgen.

Futter und Wasser müssen einwandfrei sein: Das bedeutet wiederum trockene Aufbewahrung des Futters, das nicht überlagert sein darf, und Gabe von Wasser in Trinkwasserqualität. Wesentliche Voraussetzung dafür ist die Sauberhaltung der Futter- und Tränkgerätschaften.

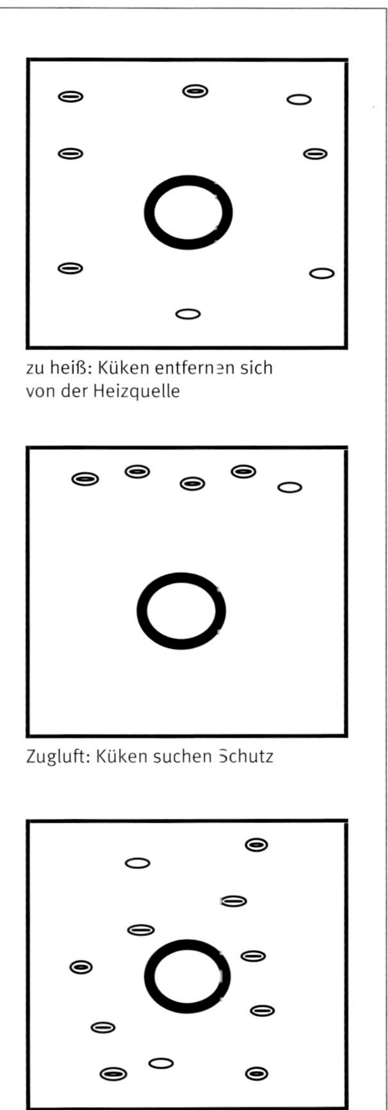

Wahl der richtigen Umgebungstemperatur durch Beobachtung der Küken.

Aufzuchtkäfige und Ausrüstungsgegenstände

In den ersten Tagen ist der Boden, auf dem sich die Küken bewegen, mit rauem Papier auszulegen. Dazu sind Zeitungen geeignet, aber keine mit Hochglanzpapier, diese sind zu glatt für die kleinen Kükenbeinchen. Gleichermaßen würde das auch das Auftreten von Grätschbeinen begünstigen. Gut bewährt hat sich die Nutzung von Häckselstroh mit einer Länge von maximal 4 cm. Hier kann man täglich bzw. bei Bedarf nachstreuen und hat gleichzeitig einen warmen Boden unter den Füßen der Küken, denn es besteht die Gefahr, dass sich die Küken auf kaltem Boden schnell unterkühlen.

Die Haltung bis zum Beginn des Legealters kann weiter auf dem Boden erfolgen. Hygienisch einwandfreier ist die Haltung auf geeigneten Rosten, da der Kot, der als Quelle für die Verbreitung von Krankheiten bei Bodenhaltung infrage kommt, durch das Geflecht fällt. Außerdem kommt es bei Bodenhaltung schnell zur Klunkerbildung an den Zehen, die nur aufwendig zu beseitigen ist.

Empfehlenswert sind Gitterroste, die man oft selbst herstellen muss, also Rahmen mit Drahtgitter bespannen. Die Maschenweite sollte dabei 12 bis 15 mm betragen und die Drähte bei einer Stärke von etwa 2 mm sollten plastikummantelt sein. Bei Eigenbau solcher Aufzuchtkäfige ist unbedingt zu bedenken, dass sie leicht zerlegbar sein sollten, um ein effektives Reinigen zu garantieren. Gründliches Reinigen und Desinfizieren der Gerätschaften muss nach jedem Durchgang einer Kükenaufzucht selbstverständlich sein.

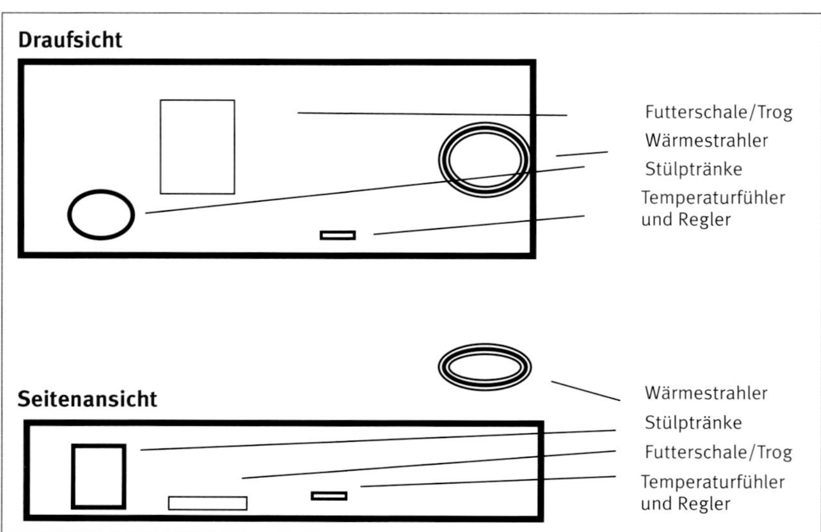

Schematisierter Kükenaufzuchtkäfig.

Eine nach vorn offene Voliere, die bei günstiger Lage auch genug Licht bietet. Für Wasser und Futter sind Gerätschaften nötig.

Der Aufzuchtbehälter sollte nicht zu flach sein, weil sonst nach wenigen Tagen bereits die Küken herausspringen. Empfehlenswert ist ein Deckel, mit plastikummanteltem Draht bespannt, der in 20 cm Höhe über dem Behälterboden angebracht wird. Das verhindert auch, dass sich die Küken oder Jungtiere durch Hochfliegen den Kopf am Abdeckgitter beschädigen. Wenn keine direkte Käfigheizung nötig ist, kann man als Käfigoberseite auch lichtdurchlässige Gitterfolie oder ähnlich weiche Materialien verwenden. Die bei starrem Material auftretenden Kopfverletzungen sind oft der Anfang von Kannibalismus oder unnötigen Pickereiern, die letztlich zu vermeidbaren Verlusten führen.

Das Entfernen von Kotresten ist während der gesamten Haltung der Tiere notwendig, weil sonst schnell eine Anhäufung von Erregern entsteht und Krankheiten auftreten können. Günstig ist es vor allem, bei befiederten Küken und Zuchttieren, eine Kombination aus Drahtrost- und Bodenhaltung, möglichst mit Sandbadabteil, einzurichten.

Selbstverständlich ist auch der Platzbedarf zu beachten. Während der Aufzucht sollten den Küken in den ersten zwei Lebenswochen mindestens 80 cm^2 zur Verfügung stehen, anschließend bis zur Legereife (etwa 42 Tage) sind mehr als 100 cm^2 notwendig. Bei Fleischwachteln ist vor allem nach der 2. Lebenswoche auf mindestens 125 cm^2 zu achten, bei den sehr schweren (erwachsen: etwa 300 g) Typen sind mindestens 150 cm^2 zu empfehlen.

Wirtschaftlich nicht unbeträchtlich schlägt der Energieverbrauch zu Buche. Man sollte keinesfalls mehr Heizenergie abstrahlen lassen, als notwendig ist. Es ist zu empfehlen, einen Temperaturregler mit Temperaturfühler zwischen Lampe und Stromnetz zu schalten oder wenigstens einen Strahler zu nutzen, der auf halbe Kraft zu schalten ist. Natürlich ist da ein brauchbares Thermometer zur Kontrolle angebracht.

Als Heizquellen kommen Infrarotstrahler mit entsprechender Gestaltung zur Verminderung der Wärmeabstrahlung oder auch Gasstrahler infrage. Letztere sind in der Regel für größere Einheiten gedacht.

Zur Nutzung der Mikrowellentechnik in der Kükenhaltung gibt es entsprechendes Material in der Fachliteratur. Sie ist aber nicht optimal nutzbar für den praktisch orientierten Geflügelprofi.

In den ersten Tagen erhalten die Küken ihr Futter, das granuliert oder wenigstens geschrotet sein muss, auf Futterbrettchen oder flachen Schalen gereicht. Die kleinen Küken müssen unbedingt an das Futter kommen und dürfen nicht durch zu hohe Ränder der Futterutensilien daran gehindert werden. Schrittweise werden größere Futterbehälter genutzt und es ist gut, diese bald so anzubringen, dass sie von außen gefüllt werden können. Durch eine Kante an der zum Tier gewandten Seite wird das Herausscharren des Futters verhindert.

Zur Wasserversorgung sind Stülptränken gut geeignet, die der Größe der Tiere angepasst sind und einen entsprechend schmalen, mit Wasser gefüllten Außenring aufweisen. Ist der Ring zu breit, kommt es schnell zum Ertrinken der Küken, falls sie da hineingeraten. Am günstigsten sind in den ersten Tagen Stülptränken mit einem Fassungsvermögen von einem Liter. Bei diesen Stülptränken ist es bei besonders kleinen Wachteln, die Zwergwachtelgröße haben, günstig, in die Rinne kleinere Steinchen einzulegen. Dadurch sinkt die Gefahr des Ertrinkens.

Älteren Küken sollte man größere Tränken anbieten und natürlich ab einem Alter von 14 Tagen in größeren Haltungen beginnen, die Küken an eine Nippeltränkanlage zu gewöhnen. Die Nippel werden nach einer kurzen Gewöhnungszeit, in der noch Stülptränken dabeistehen, gut angenommen. Die Umgewöhnung dauert wenige Tage. Es sind dabei keine speziellen „Wachtelnippel“ notwendig, sondern es eignen sich die üblichen Nippel, die für alle Geflügelarten vom Küken bis zum Zuchttier im Handel sind. Wenn man an die Nippel Tropfenfänger koppelt, spart man Wasser und hat gleichzeitig eine Möglichkeit, den Tieren eine Beschäftigung anzubieten.

Auf sauberes und frisches Wasser ist zu achten. Es sollte Trinkwasserqualität haben.

Flächenbedarf bei der Aufzucht

Die Wirtschaftlichkeit der Wachtelhaltung ist ebenso wie bei anderen Tieren davon abhängig, wie viel Fläche und Raum für die Aufzucht benötigt wird. Die Festkosten lassen sich auch bei Wachteln durch eine optimale Flächennutzung reduzieren.

Vorgaben sind für diese Tierart kaum zu finden. Lediglich für Versuchswachteln wird ein Flächenbedarf von 250 cm^2 empfohlen. Das ist besonders für die Aufzuchtperiode kein Festpunkt, sondern lediglich ein gewisser Richtwert, zumal unter den Gesichtspunkten einer Produktion andere Maßstäbe als bei Labortieren angelegt werden müssen. Festlegungen aus der Aufzucht größerer Geflügelarten sind verständlicherweise wenig dienlich.

Einige Anhaltspunkte gibt es aus einem Versuch mit drei verschiedenen Legewachtellinien. Es wurde der Einfluss der Besatzdichte während der Aufzucht auf Körpermasse, Erstlegealter, Einzeleimasse, relative Dottermasse, Legeleistung, Verluste und Futterverbrauch überprüft. Nach diesem Prinzip kann jeder selbst seine zur Verfügung stehenden Haltungsgerätschaften vergleichsweise testen.

Die eingesetzten Linien waren Legewachteln mit und ohne Selektion auf Legeleistung bzw. Eigewicht und mit unterschiedlicher Gefiederfärbung (wildfarbig, wildfarbig verdünnt und weiß).

Die Gruppengrößen begannen mit zehn Tieren und in weiteren Zehnerschritten bis zu 50 Tiere je Käfig mit jeweils einer Grundfläche von 2.500 cm^2.

Zwölf Aufzuchtkäfige in einer Stammzuchtanlage.

Je Küken standen dann 250, 125, 83, 64 bzw. 50 cm^2 zur Verfügung. Die zunehmende Besatzdichte wirkte sich auf das Körperwachstum deutlich aus. Dabei gab es Unterschiede in der Gewichtsreduzierung zwischen den Gruppen. Bei der ersten Linie beginnt der Abwärtstrend ab 30 Küken je Käfig mit einer Fläche von 2.500 cm^2. Bei der zweiten Linie, wildfarbig mit einem Genanteil von 20 Prozent des Verdünnungs-Gens für die Gefiederfarbe „Dil", zeigt sich die Verminderung der Zuwachsrate ab 40 Tiere je Käfig genannter Größe. Dagegen ist bei der „schweren" Legelinie ein stetiger Gewichtsverlust zu sehen. Das ist auch verständlich, denn das sind auch die Tiere mit dem größten Flächenbedarf.

Beachten Sie: Die Besatzdichte im Käfig beeinflusst das Erstlegealter, die Körpermasse, die Legeleistung und den Futterverbrauch.

Es zeigt sich, dass mit zunehmender Besatzdichte das mittlere Gewicht der Tiere abnahm. Bei der weißen und der wildfarbigen Linie wird der Unterschied mit 30 Küken je Käfig deutlich, während die wildfarbig verdünnte Linie eine stetige Reduzierung der Durchschnittsgewichte zeigte.

Die Verlustrate wurde mit zunehmender Besatzdichte größer. Sie nahm ab einer Besatzdichte von 160 Tieren je m^2 zu. Vom Wachstum wird auch das Erstlegealter beeinflusst. Je schneller die Küken ihr stammspezifisches Gewicht erreichen, umso eher können sie mit dem Legen beginnen. Dabei geht es aber nicht darum, so früh wie möglich die Legereife zu erreichen. Die Hennen müssen ausreichend entwickelt sein, aber weder verfettet noch mager.

Bei der Einzeleimasse, errechnet als Mittelwert aus dem 15. bis 50. Ei, zeigte sich kein interpretierbares Ergebnis. Ebenso wurden auch die Dottermasse und die Legeleistung nur bedingt von der Besatzdichte während der Aufzucht beeinflusst.

Tabelle 22:
Empfehlungen für die Besatzdichte bei der Aufzucht von Küken

Alter/Genotyp		
Tiere je m^2	**Legewachtel**	**Fleischwachtel**
1. bis 3. Lebenswoche	120	80
4. bis 6. Lebenswoche	80	60
Fläche je Küken in cm^2		
1. bis 3. Lebenswoche	85	125
4. bis 6. Lebenswoche	125	170

Eine wichtige Rolle spielt bei der Abwägung des Flächenbedarfs auch konkret der Wärmeenergiebedarf im Umfeld der Tiere. Es muss ein Niveau gefunden werden, bei dem möglichst wenig Heizwärme benötigt wird und verloren geht.

Die Empfehlungen zur Besatzdichte für die Fleischwachteln stammen gleichfalls aus eigenen Untersuchungen.

Umgebungstemperatur während der Aufzucht

Die Umgebungstemperatur hat einen Einfluss auf das Wachstum und die Entwicklung der Küken. Umgebungstemperatur und Lichttageslänge spielen jedoch gleichermaßen eine Rolle. Es gibt den logischen Zusammenhang zwischen Umgebungstemperatur und Futterverbrauch. Steigt die Temperatur zu stark, kann es sein, dass die aufgenommene Nahrung nicht mehr zur Eiproduktion oder zum intensiven Wachstum reicht. Ebenfalls zu beachten ist die Umgebungswärme in ihrem Einfluss auf die spätere Entwicklung. Sowohl die Hoden als auch Eierstock und Eileiter sind in ihrer Entwicklung von der Umgebungstemperatur abhängig. Bei Untertemperaturen ist mit mehr oder weniger starker Verzögerung der Lege- und Zuchtreife zu rechnen.

Für die Kükenentwicklung ist die richtige Umgebungstemperatur neben der Lichttagslänge von entscheidender Bedeutung.

Im Alter von 14 Tagen müssen die Küken in die nächstgrößere Box umquartiert werden.

Wie bereits angeführt, entwickelt sich das Gefieder sehr schnell. An der ehemaligen Geflügelforschungseinrichtung in Celle hat man die Befiederungsverhältnisse bei Wachteln untersucht. Dabei ermittelte man auch das Gewicht des Gefieders vom Schlupf bis zur 9. Lebenswoche und fand dabei heraus, dass nach der 6. Lebenswoche Federgewichte kleiner werden. Das resultiert aus dem stetigen Wechsel des Gefieders sowie den von Stallgefährten ausgezupften Federn. Beim Frischgewicht der Federn werden die höchsten Werte im Alter von vier Wochen erreicht und beim Federtrockengewicht ist das in der 8. Woche der Fall.

Bei den Küken sind beim Schlupf fast nur Flaumfedern zu sehen, bis auf die winzigen Spitzen der Handschwingen. Das Federwachstum setzt intensiv ein und nach drei bis vier Tagen sind die Handschwingen schon länger als 1 cm. Interessant ist auch die Reihenfolge des Wachstums von Hand- und Armschwingen. Mit drei Wochen beginnt der Federwechsel, der mehr oder weniger intensiv ist und auch ausbleiben kann bzw. verzögert wird. Lühmann (1973) stellte die Flügelfläche in Relation zum Körpergewicht und stellte bei den zwei Wochen alten Wachteln den höchsten Wert fest – also: maximale Flügelfläche in Bezug zum Gewicht. Mit zwei Wochen sind die Wachteln bereits flugfähig und was dabei an Kraft noch fehlt, wird durch Flügelfläche kompensiert.

Keimfreie Aufzucht von Wachteln

Keimfreie Wachteln spielen bei Untersuchungen des Einflusses von spezifischen Haltungsformen eine nicht zu ersetzende Rolle. Unter Keimfreiheit versteht man aber nicht nur das Freisein von pathogenen (krank machenden) Keimen, sondern eine jegliche Freiheit von Keimen und Erregern, Viren nach Möglichkeit eingeschlossen.

Da man in der Regel erwachsene oder wachsende Tiere nicht und nicht wieder keimfrei bekommt, beginnt man den Aufbau einer keimfreien Zucht schon mit den Bruteiern. Diese müssen vollkommen in Ordnung sein, also nicht das kleinste Ritzchen haben, und sollten von peinlich sauber gehaltenen Zuchttieren stammen, die hier als „konventionell“ bezeichnet werden.

Wichtig ist natürlich die neue Umwelt, die eine weitere Keimfreiheit garantiert. Dazu gibt es absolut luft- und keimdichte flexible Plastikkabinen, ähnlich dem Brutkasten für zu früh geborene menschliche Babys. Diese Kabinen werden als „Isolator“ bezeichnet. Im Gegensatz zu den Babykabinen ist es so, dass in diesen Raum nur keimfreies Material kommt und dass Tiere, die einmal „ausgeschleust“ wurden, nicht wieder hineinkommen dürfen. Durch speziell zu bearbeitende Schleusen wird alles notwendige Material hineingebracht und nicht mehr notwendiges Material wird ausgeschleust.

Die Küken schlüpfen im Brutschrank – aus Platzgründen ein Minigerät – und werden mit keimfreiem Futter und ebenso keimfreiem Trinkwasser aufgezogen.

Um mit den Tieren oder vorher mit den Bruteiern umzugehen, sind spezielle Handschuhe, meist aus Neopren, notwendig, die am Isolator außen angebracht sind. Um mit den Handschuhen arbeiten zu können, muss der Luftraum beweglich sein. Das erfolgt durch die Lufteingangs- und die Luftabzugstechnik. Es wird mit Überdruck gearbeitet und dadurch ist überhaupt so eine Plastikkabine erst beschick- und nutzbar.

Die Luft, die in den Isolator geblasen wird, muss absolut gefiltert werden und andererseits muss garantiert sein, dass konventionelle Zuluft nicht über die Luftaustrittsstelle eindringen kann. Dazu gibt es gute Lösungen, die im Spezialhandel erhältlich sind bzw. von den Firmen direkt geliefert werden.

In diesen Isolatoren können dann die verschiedensten Untersuchungen laufen. Das beginnt mit Fütterungsversuchen, wobei die Wirkung spezifischer Mikroorganismen geprüft wird, die einzeln oder kombiniert zugegeben werden. Zum anderen ist es auch möglich, Keime in ihrer reinen Form zu testen.

Das sind nur einige Einsatzmöglichkeiten von keimfreien Wachteln. Auch derartige Versuche müssen genehmigt und dürfen nur von Fachkräften durchgeführt werden. Es ist sicher einleuchtend, dass diese speziellen Untersuchungen ein gehöriges Maß an Fachwissen voraussetzen.

Zum Schluss noch etwas zur Fütterung keimfreier Wachteln: Das „Keimfreimachen" des Futters geschieht in der Regel mit einer Hitze von 121 °C. Dabei wird ein Teil der Vitamine und auch der Aminosäuren in ihrer Wirkung mehr oder weniger stark gemindert. Das bedeutet, je nach Nährstoff, Qualitätsminderungen von bis zu 50 Prozent. Es ist also vorweg im Futter eine Überdosierung mit Vitaminen und Eiweiß nötig. Für Letzteres nutzt man in der Regel Aminosäuren. Die hier aufgeführten Fakten zeigen schon, dass diese Methode für wissenschaftliche Institute eine große Hilfe sein kann.

Haltung von Zuchtwachteln

Eine oft gestellte Frage bei der Wachtelhaltung richtet sich nach dem Wärmebedarf der Hauswachteln. Wachteln vertragen, wenn sie als Jungtier systematisch an eine Freilandvolierenhaltung gewöhnt sind, auch Minusgrade, und das in erheblichem Maße. Dabei sollten sie die Möglichkeit haben, einen leicht temperierten Schutzraum aufsuchen zu können.

Betrachtet man die Wärmebedürftigkeit aus dem Blickwinkel des biologischen Objekts oder hält man Wachteln, um Eier oder Fleisch zu produzieren, muss man die in der folgenden Grafik gezeigten Einflüsse auf die Wachtel beachten.

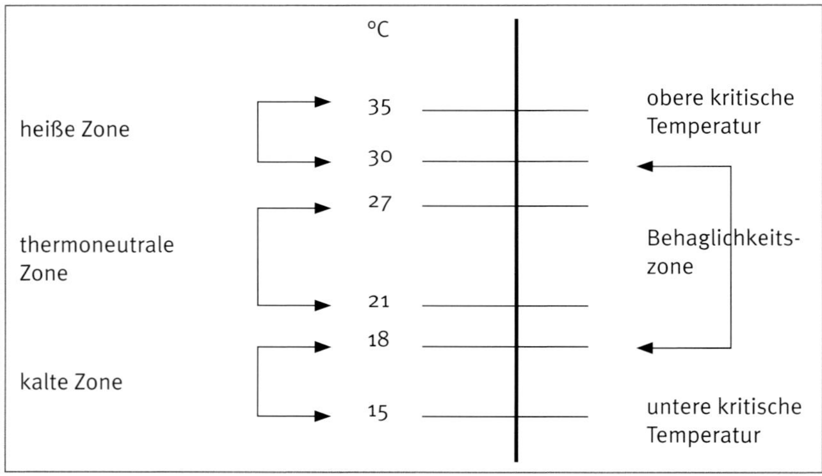

Einfluss der Temperatur auf erwachsene Wachteln.

Die Raumtemperatur wird nach dieser Grafik bei Wachteln im Bereich von 18 bis 30 °C als angenehm empfunden. In einem Produktionsbereich sollte es nicht kühler als 15 und nicht wärmer als 30 °C sein. Im Sommer müsste man manchmal ein Kühlaggregat haben. Es ist also daraus abzuleiten und ersichtlich, dass Wachteln nicht irgendwo zum Eierlegen gehalten werden können, sondern an die Umweltverhältnisse einige Anforderungen stellen. Die relative Luftfeuchtigkeit liegt am günstigsten bei 50 bis 60 Prozent. Zu berücksichtigen ist auch der Zusammenhang zwischen Umgebungstemperatur und Futterverbrauch.

Wichtiger Produktionsfaktor: Licht

Ein Faktor, der in der Aufzucht weniger beachtet wird, ist die Lichttagslänge oder die Dauer des Lichteinflusses am 24-Stunden-Tag. Die Ergebnisse von Stein und Bacon (1976) geben Auskunft über den Einfluss der Lichttagslänge auf den Legebeginn. Bei den weniger mit Licht versorgten Tieren kommen nur rund 80 Prozent zur Legereife. Wenn die Wachteln nicht legen, wird schnell der Ruf nach neuen Zuchttieren laut. Grund: Es ist zu viel Inzucht in der Herde und dadurch legen sie nicht. Schon mancher hat gestaunt, dass oftmals eine Zusatzbeleuchtung für zwei bis drei Stunden den Einkauf neuer Zuchttiere erspart.

Tabelle 23:
Einfluss der Beleuchtungsdauer auf das erste Ei (nach Stein und Bacon 1976)

Varianten der Beleuchtungsdauer	Anteil Leger mit 165 Lebenstagen (%)	Alter beim ersten Ei (Tage)
14 L : 10 D*	100	42,8
8 L : 16 D	65	112,7
6 L : 18 D	62	130,8

* L = Beleuchtungsphase; D = Dunkelphase

Es ist also angebracht, mit einer Lichtdauer von mindestens 14 Stunden zu arbeiten, vorausgesetzt, man ist an einer hohen Legeleistung interessiert. Bei Nutzung von Tageslicht im Wachtelbereich braucht man nur in der Zeit zu beleuchten, in der es zu dunkel ist. Im Hochsommer reicht Tageslicht völlig aus, bis Mai und ab August sollte Zusatzlicht angeschaltet sein. Günstig ist es beispielsweise von 4 Uhr bis zum Hellwerden und vom Eintritt der Dunkelheit bis 20 Uhr Zusatzbeleuchtung zu geben. Die Lichtstärke muss nicht allzu intensiv sein. Geflügel nimmt Licht intensiver wahr als der Mensch. Daher reichen zwischen 10 bis 15 Lux/m² im Stall aus.

Eine tägliche Beleuchtung von mindestens 14 Stunden von September bis April erspart oftmals den Zukauf neuer Zuchttiere, da die Legeleistung und die Futterverwertung gesteigert werden.

Der Legezeitpunkt der Wachteln unterscheidet sich deutlich von dem der Haushühner. Während diese vorwiegend vormittags legen, tun Wachteln das am späten Nachmittag und am Abend. Untersuchungen ergaben, dass ein Viertel der Eier zwischen 19 und 5 Uhr gelegt wird. Das ist die gesamte Dunkelperiode (bei 14 Stunden Licht : 10 Stunden Dunkelheit). Bei längerem Lichttag, wie 16 Stunden : 8 Stunden, ist es fast die gesamte Dunkelperiode. Das erfordert gerade bei Bodenhaltung, dass ab Nachmittag bis zum Eintritt der Dunkelphase regelmäßig die frisch gelegten Eier abgelesen werden, vor allem, um ein unnötiges Verschmutzen zu vermeiden.

Diese Probleme hat man bei Käfighaltung nicht. Allerdings ist die Käfighaltung nicht der Weisheit letzter Schluss. Das Problem des Eierabsammelns ist bei Haushühnern geringer. In der Regel legen sie in vorgegebene Nester und nur ein Bruchteil wird im Stall „verlegt". Wachteln halten es zwar auch mit dem Legen an bestimmten Stellen, aber die Wiederholbarkeit des Vorganges ist noch zu gering. Einzelne Hennen legen in entsprechend großer Voliere ihre Eier an derselben Stelle oder scharren regelrecht Mulden zusammen, aber das sind eben Ausnahmen.

Licht ist für die Entwicklung des gesamten Organismus notwendig. Fehlt Licht, so entwickelt sich zwar die Körpermasse, aber die Entwicklung des Legeapparates stagniert. Es reicht also nicht, bei Gelegenheit einmal Licht einzuschalten und dann irgendwann wieder auszuschalten.

In Tabelle 24 ist deutlich gezeigt, dass die Lichtdauer das Gewicht der Tiere leicht und die Entwicklung des Legeapparates, hier anhand des Ovargewichts, stark beeinflusst.

Der Lichtanteil im Verlauf von 24 Stunden ist von nicht geringer Bedeutung für mehrere Faktoren, die das Merkmal „Leistung" ausmachen. Folgende Tabelle aus einer japanischen Arbeit gibt das gut wieder.

Tabelle 24:
Einfluss der Lichttagsdauer auf die Eiproduktion (nach Watanabe und Shibata 1979)

		12 L : 12 D	14 L : 10 D	16 L : 8 D	20 L : 4 D	24 L : 0 D
Ovulations-Intervall	h	24,2	24,4	24,2	25,5	26,1
Eigewicht	g	9,0	9,1	8,9	10,1	9,9
Legeleistung	%	38,5	57,9	82,8	84,5	83,6
Futterverwertung	g Fu/g Ei	20,13	7,06	2,42	2,35	2,96
Eier/Tier/Tag	g	0,72	2,91	8,15	8,16	7,22

Es wird deutlich, dass es als günstigste der Varianten anzusehen ist, mit 16 Stunden Licht und 8 Stunden Dunkelheit zu arbeiten. Bemerkenswert ist hier, dass die oftmals als ausreichend angesehene Variante von 14 : 10 Stunden deutlich geringere

Leistungen bringt als die mit längerer Lichtdauer. Die Ovulationshäufigkeit war in den Untersuchungen ebenfalls deutlich verändert und bei der Variante 16 : 8 am häufigsten festzustellen.

Legewachteln benötigen für eine optimale Legeleistung sowohl Licht als auch Wärme und zugfreie Aufstallung. Damit sie sehr gute Leistungen bringen, sollten in der Legeperiode mindestens 14 und maximal 16 Stunden Licht zur Verfügung stehen. Das kann durchaus eine Kombination von Tages- und Kunstlicht sein.

Wachteln legen in der Regel im Alter von sechs bis sieben Wochen ihr erstes Ei. Ein gewisser Prozentsatz von Nichtlegern kann bei Einzelkontrolle der Legeleistung beobachtet werden. Das scheint eine Folge von auftretender Inzucht zu sein.

Im Bereich von 16 Stunden Lichtdauer und nur 8 Stunden Dunkelphase ist die Futterverwertung, also die Futtermenge je g / Ei, am günstigsten.

Umweltfaktoren während der Mast

Zu viel Licht ist bei der Mast von Wachteln weniger angebracht. Die Annahme, dass die Tiere möglichst rund um die Uhr fressen können und dazu Licht brauchen, ist nicht richtig.

Untersuchungen zeigen deutlich, dass bei weniger Licht die Schlachtausbeute besser ist und die Stromkosten niedriger sind. Also: schwerere Schlachtkörper bei weniger Licht im Vergleich zur Ganztagsbeleuchtung. Die Beachtung auch solch scheinbarer Kleinigkeiten ist wichtig, wenn man mit Wachteln Geld verdienen will oder gar muss.

Käfig- oder Bodenhaltung

Die Haltung der Wachteln kann sowohl in Räumen als auch im Freien erfolgen. Die Räume sollten gut zu reinigen und trocken sein. Nasse Schuppen oder Ähnliches sind nicht angebracht.

In der Schweiz hat man aus Tierschutzgründen die Käfighaltung für Legehühner verboten und auch Wachteln müssen in Bodenhaltung gezogen werden. Das „Nestproblem“ wurde dadurch wissenschaftlich untersucht. Die Verlegerate lag dabei zwischen 10 und 70 Prozent. Die besten Ergebnisse wurden mit einer Heu- und Getreidestreu erreicht. Weniger erfolgreich war die Nutzung von Rasenteppich als Unterlage. Einen Einfluss auf die Verlegerate hatte die Lichtintensität. Helleres Licht wirkte gegen den „Ordnungssinn“ der Wachteln. Ebenso kann die Gestaltung der Legenester Einfluss haben. Da gibt es aber noch keine vertretbaren Empfehlungen.

Es ist optimal, wenn die Raumtemperatur für erwachsene Tiere, zum Beispiel Legewachteln, bei 20 °C liegt. Bei der Aufzucht ist es im Raum meist wärmer, weil

Ohne Draht geht es kaum. Man muss Absperrungen und Abtrennungen einbauen, teils um die richtigen Verpaarungen zu bekommen oder um „Streithähne“ auseinander zu halten.

die Käfigheizung entsprechend ausstrahlt. Es muss auch garantiert sein, dass ausreichend Frischluft in den Stall kommen kann. Lichtreglements sind in Abhängigkeit von der normalen Tagesbeleuchtung zu sehen. Sowohl die Boden- als auch die Käfighaltung sind in Räumen möglich. Bei der reinen Bodenhaltung können die Tiere ihr arteigenes Verhalten besser ausleben. Nachteilig ist aber, dass die Hennen in der Regel keine festen Legenester oder -stellen benutzen und es dadurch zur Verschmutzung der Eier kommt. Bei einer Ausrichtung der Haltung auf Eiproduktion ist das nicht wünschenswert. Bei Käfighaltung auf leicht angeschrägten Böden können die Eier abrollen und werden von außen aufgesammelt. Dabei werden sie wesentlich weniger bekotet. Die Haltung auf Rosten hat noch den Vorteil, dass die Tiere selbst weniger Kontakte zu ihren Ausscheidungen haben.

Empfohlen kann ein Käfig aus der Kombination von Boden und Rostenhaltung werden. Ein Teil des anfallenden Kotes fällt direkt durch die Gitter auf entsprechende Kotbleche oder -schalen. Für den Bodenteil des Käfigs kann man Schubladen einbauen, die leicht zu entnehmen sind und schnell gereinigt werden können bzw. gegen vorbereitete Schalen getauscht werden. Während des Schalenwechsels kann man die Wachteln auf den Gitterrostteil sperren.

Mehr Platz im Käfig bedeutet nicht unbedingt bessere Leistungen: Welche Käfiggröße für welchen Wachteltyp richtig ist, wurde getestet. Bei zwei Generationen wurden die Legeintensität in der Prüfperiode und die zugehörigen Brutergebnisse sowohl bei den leichteren Legewachteln (Gewicht etwa 150 g) als auch bei den schwereren Fleischwachteln (Gewicht etwa 280 g) erfasst. Dabei standen den Tieren jeweils 333 cm^2 oder 500 cm^2 zur Verfügung.

Es zeigt sich, dass sich die Legeleistung bei beiden Stämmen kaum veränderte. Bei der Schlupfrate (relativer Anteil geschlüpfter Küken an der Gesamtzahl eingelegter Bruteier) war bei den schwereren Fleischwachteln eine leichte Verbesserung des Brutergebnisses angezeigt. Bei den Legewachteln war das Ergebnis gegenläufig. Der Erfolg bei den Fleischwachteln deutet darauf hin, dass die Tiere im größeren Käfig besser beim Tretakt zurechtkamen als unter räumlich knapperen Bedingungen.

Käfighaltung eignet sich mehr für Betriebe mit dem Schwerpunkt Eiergewinnung. Die Bodenhaltung erlaubt den Wachteln dagegen das arteigene Verhalten.

Wenn man die Tiere in Gruppenkäfigen hält, sollte man ihnen eine Möglichkeit zum Sandbaden bieten und wenn möglich den Käfig leicht strukturieren, damit die Tiere einander ausweichen und bei Bedarf einen Ruheplatz finden können.

Die Wasserversorgung kann durch Tränknippel mit Leitungen, Wasserdurchlaufrinnen, aber auch durch Stülptränken erfolgen. Besonders Stülptränken werden leicht verschmutzt und erfordern ein häufiges Reinigen und Wechseln. Eigene Erfahrungen über mehr als 30 Jahre in der Wachtelzucht favorisieren die Nippeltränken sowohl bei Käfig- als auch bei Bodenhaltung. Wenn schon Stülptränken eingesetzt werden, dann erscheint es sinnvoll, diese außerhalb des Käfigs anzubringen, was wiederum ein einfacheres Reinigen derselben erlaubt.

Die Futterbehälter sollten so beschaffen sein, dass die Wachteln diese nicht als Sandbad benutzen können. Günstig ist es, diese mit Gittergeflecht abzudecken oder auf der Tierseite einen ausreichend großen Fressstreifen zu belassen (etwa 3 cm breit) und die Futtertröge so anzubringen, dass sie bei Käfighaltung von außen befüllt werden können. Mit diesem System ist auch eine Bevorratung möglich. Das ist vor allem ein Zeitfaktor, der bei einer wirtschaftlichen Haltung zu Buche schlagen kann. Teilweise kann man bei der Wahl der Fütterungsutensilien auf Dinge aus der Geflügelhaltung zurückgreifen. Öfter muss man improvisieren und nach Beobachtung der Tiere die nötigen Gegenstände beschaffen.

Ein Vier-Etagen-Käfig für Untersuchungen von Zuchtpaaren mit Einzelfütterung.

Bei Eintagsküken sind zu große Tränken von erheblichem Nachteil. Sie steigen gern in die Wasserrinne und kommen an dem glatten Material nicht wieder

Eine einfache Voliere, die nur mit Wachteln besetzt ist. Sie bietet Schutz vor Wind und Wetter.

heraus. Man sollte sich die kleinsten Stülptränken beschaffen, die maximal eine Rinnenbreite von 2 cm haben, oder man bastelt sich aus einem Blumentopfuntersetzer und einer Blechbüchse eine Tränke bzw. nutzt einen derartigen Untersetzer und gibt einige Steine mit etwa 2 cm Durchmesser hinein. Das gibt Halt.

Wenn man bei Käfighaltung je Henne mit 250 cm^2 rechnet, sollte man bei einer Bodenhaltung zur Eiproduktion mindestens die doppelte Fläche je Tier annehmen und bei Volierenhaltung sollte man mindestens die fünffache Fläche je Tier einkalkulieren.

Volierenhaltung

Die Tatsache, dass Japanwachteln für Produktionszwecke in relativ warmen Räumen gehalten werden, führt zu dem Glauben, Wachteln vertragen keine niedrigen Temperaturen. Man kann sie aber sehr wohl in einer Voliere im Freien halten. Selbst bei strengen Frösten ziehen sie die „freie Natur" dem wärmeren Schutzhaus vor. Voraussetzung für eine derartige Haltung ist natürlich, dass sie rechtzeitig an die Außenbedingungen gewöhnt werden. Man kann also nicht „abgelegte" Legewachteln im Herbst in eine Freivoliere entlassen. Das geht sicher schief: Die Jungtiere sollten möglichst schon im Frühjahr an die Bedingungen in einer Außenvoliere gewöhnen.

Bei der Planung des Standorts wird die Ausrichtung nach Osten vielfach bevorzugt. Die Decke sollte flexibel ausgelegt sein, um Kopfverletzungen zu vermeiden. Sandboden wird von den Wachteln gern angenommen.

Bei der Planung einer Voliere muss der Standort mit bedacht werden. Hier zuerst der Standplatz zur Sonne. Man kennt dazu den sogenannten Sonnenfangwert. Bei Ausrichtung nach dem Süden beträgt er 100 Prozent. In Richtung Südosten und Südwesten liegt der Wert bei 80 Prozent. Bei der Ausrichtung nach Osten oder Westen kommt man auf 40 Prozent und schließlich sind es in Richtung Norden 0 Prozent. Die Ostrichtung wird gern genommen, um Frühaufsteher unter den Vögeln zu ihrem Recht kommen zu lassen. Das trifft auf Wachteln zu, die die Sonne lieben und hin und wieder auch mal ein schattiges Plätzchen aufsuchen.

Im Volierenbau ist nichts anders als bei anderem Ziergeflügel: Sie müssen bei Bedarf Schutz vor den Witterungsverhältnissen bieten und sicher sein vor Raubwild der verschiedensten Art. Zu beachten ist auch, dass die Decke der Voliere nicht zu hart und kantig ist, denn Wachteln fliegen, vor allem wenn sie erschreckt werden,

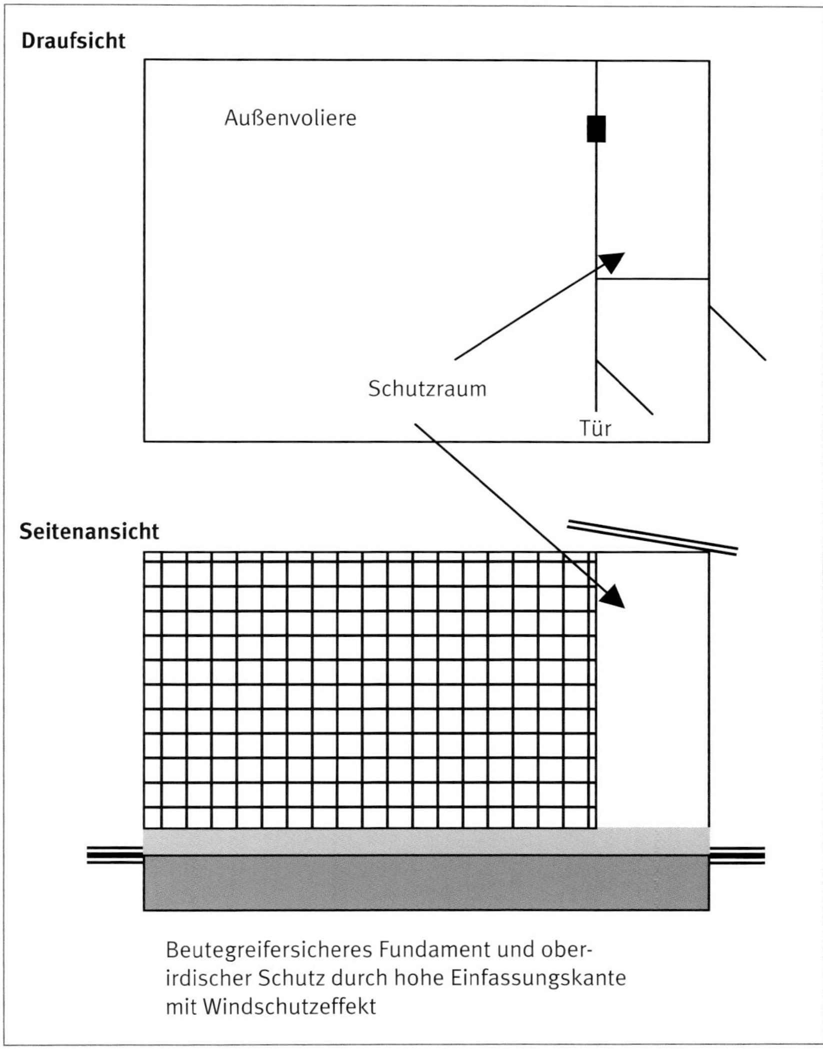

Volieren im Freien müssen ausbruchgeschützt und sicher vor Beutegreifern sein. Dazu müssen sie ausreichenden Schutz bei ungünstiger Witterung bieten.

schnell steil nach oben und stoßen dann gegen die jeweilige Decke. Plastikummantelter Draht ist hier das Beste, was man tun kann. In niedrigen Innenvolieren wirkt teilweise eine Bespannung der Decke mit Wachstuch oder ähnlichen Materialien. Das schützt die Köpfe erheblich.

Normale Ausläufe, wie für Hühner, sind quasi Volieren ohne Decke. Im Prinzip sind schwerere Japanwachteln mit einem Gewicht über 200 g in solchen Ausläufen zu halten. Die Einzäunung muss dicht sein und es darf keine Gefahr von streunenden Katzen und Ähnlichem ausgehen.

Innen muss man sich weniger um die Ausbruchsicherheit kümmern. Es ist günstig, wenn man Außenvolieren in die Gartenanlage mit einbaut. Das gibt, so der Platz vorhanden ist, ein gutes Bild. Wenn der Standort feststeht, empfiehlt es sich, ein Fundament für die Außenbegrenzung einzubauen. Das kann mit Beton erfolgen oder mittels diversen Fertigteilen. Bereits beim Fundament muss an den Oberbau gedacht werden. Es sollten also entsprechende Anker vorgesehen werden. Ein Holz- oder Metallgerüst wird mit Drahtgeflecht bespannt. Bei der Planung der tragenden Teile muss daran gedacht werden, dass im Winter Schnee fallen kann und die Konstruktion entsprechend stabil sein muss. Bei einem Holzrahmen kann man das Gittergeflecht mit einem Tacker günstig und schnell befestigen. An ein Metallgerüst wird das Drahtgitter mit entsprechendem Draht angebunden oder mittels Klemmschienen oder Ähnlichem befestigt. Günstig ist es, einen Teil des Volierenoberteils mit Wellmaterial, durchsichtig, durchscheinend oder undurchsichtig, abzudecken. Dadurch bleibt auch bei feuchtem Wetter ein Teil des Volierenbodens trocken. Nicht vergessen: Man muss schnell und sicher in die Voliere kommen können. Also sollte eine Tür angebracht werden. Wenn sie außen vorgesehen wird, ist eine Zwischentür nötig, um ein Entweichen der Tiere zu vermeiden. Die Tür in der Mauer oder Wand vom Stall zur Voliere ist weniger aufwendig, kann aber wiederum die Volierenbewohner stärker stören.

Eine Henne mit Bruttrieb sieht man heutzutage recht selten, da die Wachteln im Laufe der Zeit den Bruttrieb verloren haben.

Zur Gestaltung der Voliere gibt es unterschiedliche Meinungen. Zum einen wird davon ausgegangen, dass Wachteln Bodenbewohner sind und somit in einer Voliere genügend Platz zum Ausweichen haben und jegliche Strukturierung unnötig ist, zum anderen gibt es Meinungen, die sagen, dass sich die Tiere auch mal aus dem Weg gehen müssen und dies dann auch können sollten.

Eine Strukturierung ist mit Buschwerk und Steinen oder Sichtblenden aus Holz möglich. Einstreu an bestimm-

Eine mit Kanarienvögeln und Wachteln besetzte Voliere. Eine vorhandene Mauer wird als Seitenteil genutzt. Bei einer gemischten Besetzung muss man darauf achten, dass die Wachteln eine ausreichende Versorgung mit allen notwendigen Nährstoffen erhalten.

te Stellen zu geben ist sinnvoll, denn in Volierenhaltung neigen die Hennen dazu, ein Gemeinschaftsnest zu nutzen. Das ist im Prinzip eine in den Sandboden gescharrte Mulde, in der sich auch vertrocknete Halme finden. Zuweilen hat man das seltene Glück, dass eine Japanwachtelhenne noch selbst brütet. Als Einstreu, die viele Vorteile bietet, ist Sand das Mittel der Wahl. Gerade für das arteigene Staub- oder Sandbad ist das wichtig. Wenn keine Küken in der Voliere sind, kann man hin und wieder auch mal eine Schale zum Baden in die Voliere stellen.

Das Reinigen des Volierenbodens macht sich bei Einstreu von Sand sehr gut und sollte möglichst täglich erledigt werden. Das erfordert auch entsprechende Gerätschaften wie Harke, Besen, Schaufel, Kotkratzer und Ersatz für die Futtergeräte. Der Volierenboden kann auch Rasen tragen. Das Pflegen des Rasens ist aber relativ aufwendig.

Gern werden Wachteln zusammen mit Sittichen gehalten, denn die Hühnervögel fressen das, was den „oberen Herrschaften“ aus dem Schnabel fällt. Das spart Futter und die Wachteln beleben damit die etwas einseitige Nutzung der oberen Regionen. Zum anderen kann man die gelegten Wachteleier auch als Zufutter zum Beispiel in gekochter und zerkleinerter Form für andere Volierenbewohner, für einige Futterspezialisten oder für zuweilen notwendig werdende Handaufzuchten nutzen.

Zimmervolieren, die kleiner sein können, aber mindestens 50 x 50 cm als Grundfläche bieten sollten, eignen sich für eine paarweise Haltung. Das ist für Stammzuchten oder genetische Fragen unbedingt notwendig.

Hier kann man diese kleinen Volieren oder großen Käfige in Etagen unterbringen und nutzt damit die Grundfläche der vorhandenen Räumlichkeiten besser aus.

Auf die „weiche“ Volierendecke war schon hingewiesen worden. Daher sollten bei dieser Haltungsform die Decken 20 cm hoch sein.

Die Gefahren in einer Volierenhaltung sind nicht gering und es empfiehlt sich, auch darauf zu achten (Tabelle 25).

Tabelle 25:
Mögliche Gefahrenquellen bei der Volierenhaltung (nach Robiller 1983, ergänzt)

Unfallquellen	Folgen
Zu weitmaschiges Drahtgeflecht	Verklemmen, Erdrosseln, unerwünschter Besuch von Sperlingen (Parasiten- und Krankheitsüberträger, Futterkonkurrenten), „leichtes Hineinpfoteln“ von Katzen und Mardern, Verletzungen
Scharfkantiger Draht	Verletzungen von Füßen und Schnabel sowie des Gesamtkörpers
Verrosteter Draht, Drahtreste in der Voliere	Entkommen, Verletzungen, möglicherweise Todesfolge
Weit herausragende Nägel und Schrauben	Prellungen, Flügelbrüche, Verletzungen der verschiedensten Art
Zu straffe Volierendecke bei scheuen, aber vorwiegend bodenbewohnenden Vögeln	Schädelprellungen, Abriss der Kopfhaut beim Auffliegen, Hängenbleiben mit dem Kopf in den Maschen
Mangelhaft befestigte Sitzgelegenheiten	Verschiedene Verletzungen
Wollfäden, lange Tierhaare und lange Bastfäden als Nistmaterial gereicht	Strangulationen bis zum Erhängen, Erstickungen, Magenverstopfung
Bepflanzung mit giftigen Gewächsen	Vergiftungen, meist Todesfolge
Ungenügende Krallen- und Schnabelabnutzung	Verhaken im Maschendraht, im ungünstigsten Fall Tod
Tiefnapfige oder zu große Tränke auf dem Volierenboden	Ertrinken von Küken kleiner bodenbewohnender Vögel

Man sollte sich vor Beginn eines Volierenbaus informieren und am besten einen erfahrenen Züchter konsultieren. Je nach Größe der Volierenanlage und Region gibt es auch regional baurechtlich einiges zu beachten. Man sollte bei größeren Volieren mit dem zuständigen Bauamt sprechen.

Gern werden auch Büsche und Ähnliches in die Voliere oder daneben gepflanzt, aber oftmals wird vergessen, dass Busch- und Baumwerk zuweilen kräftig wachsen und letztlich für die Tiere und die Sauberhaltung der Voliere hinderlich sein können. Ebenso kann es möglich sein, dass sich die Tiere dort verstecken und einem notwendigen Zugriff entgehen können. Auch sollte vor einer Bepflanzung geprüft werden, ob die Tiere bestimmte Pflanzen vertragen oder ob die Früchte der Büsche eventuell giftige Stoffe enthalten.

In einer Voliere muss man unter Umständen das Wachtelgelege erst einmal suchen.

In Innenvolieren fühlen sich Wachteln wohl und sind gut zu kontrollieren.

Gesundheit – Krankheiten

Über die Krankheiten bei Wachteln ist wenig in der Fachliteratur zu finden. Das liegt daran, dass sich die oft geübte Praktik des „Alles rein – alles raus" zum Vorteil der Wachtelhaltung und deren Gesunderhaltung auswirkt.

Außerdem spielt die Wachtel in unseren Regionen nicht die besonders große wirtschaftliche Rolle. Dazu ist sie immer noch zu wenig bekannt und als Delikatesse auch oft keine Alltagskost.

Die Sauberkeit ist in der Wachtelhaltung ein Grundbaustein für eine erfolgreiche Produktion. Dazu gehören Futter- und Wasserhygiene, eine saubere Aufzucht und eine kontrollierte Haltung. Wesentlich zur Hygiene trägt eine Haltung auf Rosten, wenigstens der Küken, bei.

Die häufigsten Verluste treten durch Kannibalismus und Legenot bei Hennen auf. Trotz dieses Faktums tritt Legenot in einigen Stämmen relativ selten auf.

Kannibalismus und Legenot treten am häufigsten auf. Auch eine spezifische Wachtelkrankheit (eine bakterielle Darmerkrankung) gibt es.

Gegen beide Dinge kann man etwas tun. Kannibalismus, der sich durch ungehemmtes Attackieren eines anderen Tieres mit Schnabelhieben oft bis zum Tod des „Gegners" zeigt, wird am besten durch Verbesserung der äußeren Umstände, also der Haltungsfaktoren, und durch eine Selektion erreicht. Störende Umweltfaktoren können sein: Dauerlicht, grelles Licht, Zugluft, Platzmangel, zu wenig Fress- oder Tränkfläche oder auch störende Effekte in der Umgebung. Selektion ist oft angebracht, wenn alles in Ordnung scheint und es einzelne Störenfriede sind. Derartige „hackwütige" Tiere sollte man am besten „kopflos" der Köchin weiterreichen. Es ist nicht ausgeschlossen, dass nach Jahren ohne wesentliche Kannibalismusprobleme diese Unsitte wieder auftritt. Eine Ursache für das Ausbrechen der Unart kann die Folge von Einkreuzungen sein und die dabei zu erwartende Neukombination der Gene mit allen Problemen. Es hat also keinen Sinn zu hoffen, dass ein Tier, das ein derartiges abnormes Verhalten zeigt, irgendwann „friedlich" wird.

Zum Kannibalismus kann es auch führen, wenn Tiere verletzt werden. Das geht schnell, wenn die Käfige scharfe Kanten haben oder sonstige Teile der Ausrüstung eine Verletzungsgefahr aufweisen. Oft sind es Verletzungen am Kopf. Das hat seine Ursache häufig in einer zu hohen und zu harten Käfigdecke. Es ist besser, weiche, nachgebende Materialien zu verwenden, wie Plastikgeflecht bzw. Wachstuchdecken oder ähnliche Stoffe.

Die Erkrankungen der Legeorgane und der Verdauungsorgane stellen den höchsten Anteil am Verlust dar.

Eine Zusammenstellung in Tabelle 26 zeigt das sehr deutlich. Die Autoren haben alle Befunde bei Tieren, die älter als fünf Wochen waren, ausgewertet.

Tabelle 26:
Ergebnisse der Sektion von 270 Wachteln (nach Löliger und Schubert 1967)

	Tiere	%
Erkrankungen der Legeorgane	65	24,1
Erkrankungen der Verdauungsorgane	62	23,0
Erkrankungen der Harnorgane	11	3,1
Erkrankungen der Atmungsorgane	8	1,2
Sonstige Organerkrankungen	4	1,6
Leukosen	22	8,1
Adenokarzinom	1	0,4
Infektionskrankheiten	3	1,1
Kümmerer	55	20,4
Verletzungen	8	2,9
ohne Befund	35	12,9

Berücksichtigt man die Tiere ohne Befund nicht mit, so sind es mehr als 50 Prozent der Wachteln, die wegen Erkrankungen der Legeorgane und der Verdauungsorgane ausfallen.

Legenot ist ein Problem, das eigentlich schon abzusehen ist, denn das Verhältnis von Eigewicht zu Körpergewicht ist bei Wachteln dreimal enger als bei Haushühnern. Trotz dieses Faktums tritt es relativ selten auf, dass eine Wachtelhenne ihr Ei nicht legen kann. Die Ursache ist nicht klar zu definieren und es sind auch nicht immer die besonders schweren Eier, die zu dieser Problematik führen. In der Regel kommt man zu spät, um helfen zu können, zumal in Gruppen schnell der Kannibalismus aufkommt.

Tödliche Wirkungen durch Gene wurden bereits aufgeführt. Dabei geht es um Erbanlagen, die eine embryonale Frühsterblichkeit oft als Nebenwirkung erzeugen, und um halbletale Gene sowie um solche, die im frühen Jugendalter wirken. Die daraus resultierenden Verluste können erhebliche Ausmaße annehmen. Man sollte sie aber auch nicht überbewerten und alles auf die „Gene“ als Ursache schieben.

Es gibt eine sogenannte „Wachtelkrankheit“, die in der Fachsprache als **ulzerative Enteritis** bezeichnet wird. Es handelt sich dabei um eine bakteriell erzeugte Darmerkrankung. Es sind hiervon vor allem gut genährte Wachteln befallen. Möglicherweise sind es auch einseitig ernährte Tiere, bei denen durch einen Mangel an bestimmten Futterstoffen der Krankheitsausbruch gefördert wird. Mit Antibiotika und einer Einstreuhygiene ist da viel wieder ins Lot zu bringen.

Die bei zahlreichen Tierarten auftretende **Kokzidiose** ist auch bei Wachteln festzustellen. Sie zeigt sich durch apathisches Verhalten, Fressunlust, Durchfall und auch blutigen Kot. In diesem Zustand ist in der Regel eine Heilung problematisch.

Gelegentlich treten Fälle von **aviärer Enzephalomyelitis** (AE) auf und auch die **Marek'sche Krankheit** (MD) wurde bereits als Krankheitsursache bei Wachteln nachgewiesen.

Weiterhin wurde **Wachtelbronchitis** beobachtet, die vorwiegend bei jungen Baumwachteln auftritt. Sie hat ihre Ursachen in CELO-Viren. Virale Erkrankungen sind ja kaum bis gar nicht behandelbar.

Ebenso wie beim Haushuhn kommt es bei Wachteln auch zu **Leukose**. Die oft auftauchende Frage nach Schutzimpfungen wird von Veterinären aufgegriffen und dabei eine gegen die AE und die MD gerichtete Impfung empfohlen.

Ursachen für Erkrankungen sind oft auch Ernährungsfehler. Zu denken ist dabei an eine Mangelernährung, die sich sowohl auf Grundnahrungsstoffe als auch auf Vitamine, Massen- und Spurenelemente beziehen kann.

Wichtig ist gleichfalls, bei Zukäufen auf gesunde Tiere zu achten. In der Regel ist eine Quarantäne für Zukaufstiere zu empfehlen. Vorbeugen kann man auch, wenn auf die Zusammensetzung des Zufutters geachtet wird. Zu denken ist an Möhren, die erhebliche Mengen an Vitamin A enthalten. Ebenso kann Eiweißmangel zur Weißfärbung der Handschwingen von Jungtieren führen, verbunden mit ungenügendem Wachstum.

Nicht zu vergessen sind Vergiftungen verschiedenster Art, die durch unzulässige Beimengungen entstehen oder durch veränderte Futtermittel hervorgerufen werden können. Dazu sind auch Pilztoxine zu rechnen, die unter anderem Aspergillose auslösen sowie zu Verlusten in hoher Größenordnung führen können und die oft nur vom Fachmann im Futter zu sehen sind.

Außerdem gibt es vielerlei Parasiten, die vor allem bei Bodenhaltung die Wachteln von innen (Endoparasiten) oder von außen (Ektoparasiten) schädigen können und nicht selten zum Tod der Tiere führen. Innen sind es vor allem die Würmer und außen die Milben, Läuse und Flöhe, die den Wachteln erheblich zusetzen können.

Fütterung

Eine wichtige Voraussetzung sowohl für eine erfolgreiche Kükenaufzucht als auch für die Haltung der Zuchttiere ist die spezifisch auf Wachteln ausgerichtete Fütterung und die Wasserversorgung der Tiere. Die steigenden Futtereinkaufskosten zwingen aber auch zum sparsamen Futtereinsatz.

Fütterungshygiene

Mindestens ebenso wichtig ist die Hygiene bei der Fütterung. Futtergerätschaften müssen auch bei Nutzung von Fertigfutter einer regelmäßigen Reinigung unterzogen werden. Durch die variierende Luftfeuchtigkeit in einem Stall kommt es zu Verkrustungen der feinen Futterteile an den Trögen und Tränken. Kot kann in die Futterbehälter und die Tränken kommen. Wenn ein Tier stirbt, kann das ebenfalls zu Verunreinigungen führen.

Beim Trinkwasser gibt es gleichermaßen zahlreiche Möglichkeiten der Verschmutzung. Das reicht vom Verkoten der Tränke bis zur Verschmutzung durch Einstreu. Tränkgefäße sollten noch öfter als Futtergeräte kontrolliert werden, weil es durch Algen sehr schnell zur Bildung von Giften kommen kann und derartig verschmutzte Gerätschaften nicht nur unschön aussehen, sondern auch Brutstätten pathogener Keime sein können bzw. diese in ihrer Entwicklung ungewollt fördern.

Hygiene ist das A und O der Wachtelhaltung, sowohl beim Verabreichen von Futter als auch beim Wasserangebot. Reinigungsmittel niemals überdosieren wegen Vergiftungsgefahr!

Tränkgefäße sind täglich zu reinigen und auch bei mehrmaliger täglicher Tränkung muss der Schmutz entfernt werden. Tränknippelrohre sollten mindestens monatlich gereinigt werden, indem man Wasser durch das Tränkrohr frei fließen lässt und somit alle Schmutzpartikel beseitigt werden.

Natürlich ist es notwendig, Reinigungsmittel zu verwenden. Diese dürfen aber nicht als Rückstände an den Gerätschaften bleiben. Viel hilft bekanntlich nicht immer viel. Es ist also dringend empfohlen, sich an die Vorschriften zu halten und nur so viel Reinigungsmittel einzusetzen wie nötig.

Lässt man die Schmutzrückstände an den Gerätschaften ohne Zusätze aufweichen, kann man das Wasser nachher im Garten als Düngeflüssigkeit verwenden.

Ernährungsgrundlagen

Tiere benötigen zum Aufbau und zur Erhaltung ihrer Substanz Nährstoffe, Mineralstoffe und Vitamine. Zu den Nährstoffen gehören Kohlenhydrate, Fette und Eiweiße sowie stickstoffhaltige (N) Verbindungen, und nicht zuletzt zählt auch Wasser dazu.

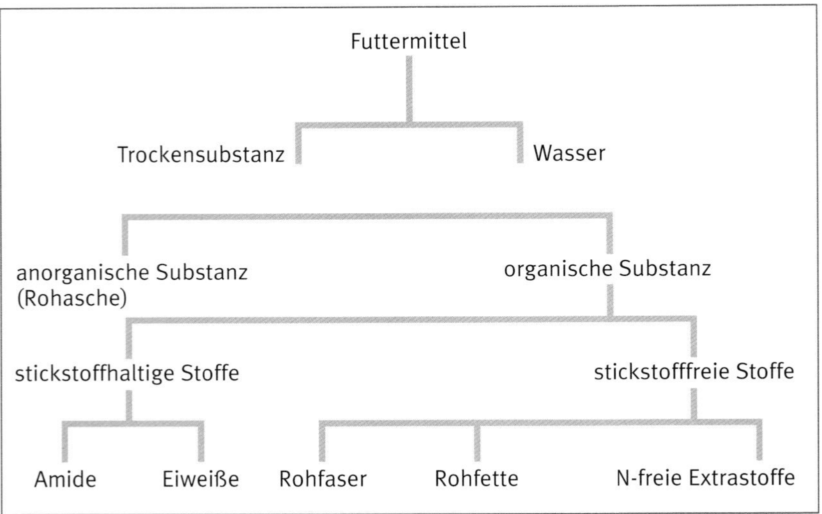

Hauptnährstoffgruppen nach der Weender Futtermittelanalyse.

In der praktischen Fütterung stützt man sich auf folgende Kriterien: Rohproteingehalt (%), Energiegehalt (Joule), Rohfasergehalt (%), Rohaschegehalt (%), Trockensubstanz (%), Mineralstoffgehalt (g oder %), Vitamingehalt (g, %, IE).

Dabei muss man für die normale Haltung, egal ob für Hobby oder zur wirtschaftlichen Nutzung, keine Versuche zum Bedarf der Wachteln machen. Das Wichtigste zum Bedarf der Tiere und damit zur Zusammenstellung einer Futterration ist bekannt, wie das auch für andere Tierarten der Fall ist. Man muss aber wissen, was man tut, wenn man die Rezeption verändert.

Wichtig ist auch der Bedarf an speziellen Aminosäuren, die mit dem Futter zugeführt werden müssen, also nicht vom Körper aus anderen Elementen zusammengesetzt werden können. Gleiches trifft für die Vitamine zu.

Allerdings muss man auch wissen, dass unterschiedliche Fachleute und Autoren zu verschiedenen Ergebnissen kommen können. In der Regel liegen die Werte nicht so weit auseinander, als dass man sich nicht selbst ein Bild machen könnte. Es empfiehlt sich aber auch jeweils den gesamten Text von Fachbeiträgen zu lesen, denn „Wachteln ernähren" ist allein als Fragestellung oft zu wenig. Zumindest muss man wissen, ob es sich um Küken, Jungtiere, Alttiere, Legewachteln, Fleischwachteln oder vielleicht um Baumwachteln oder andere Vertreter mit diesem allgemeinen Namen handelt.

Fütterung der Küken

Als ein wichtiges Kriterium für das Kükenwachstum wird der Eiweißgehalt des Futters angesehen. Das ist zweifellos auch richtig, aber es müssen ebenso alle anderen Anforderungen an die Versorgung erfüllt sein. Da sind der Energiegehalt anzuführen wie auch der Mineralstoff- und der Spurenelementeanteil und der Vitamingehalt, sowie auf gleichem Niveau letztlich auch der Eiweißanteil, der sich in Qualität und Quantität von Aminosäuren ausdrückt.

Einen Einblick in die Bedeutung des Futtereiweißgehaltes gibt die nächste Tabelle.

Tabelle 27:
Einfluss des Proteingehaltes auf das Kükenwachstum (nach Vohra und Roudybush 1971)

	Körpergewicht in g im Alter von 1 bis 6 Wochen					
Protein in %	1. Wo.	2. Wo.	3. Wo.	4. Wo.	5. Wo.	6. Wo.
20	15	27	48	77	99	119
25	17	32	57	87	103	118
30	21	40	69	96	114	123
35	30	44	67	95	111	115

In diesem Versuch sind die Unterschiede im Sechs-Wochen-Alter relativ gering, zumal sich zeigt, dass „viel“ nicht immer „viel“ ergibt. 30 Prozent Rohprotein im Futter sind hier ausreichend.

Es ist nicht nötig, in allen sechs Aufzuchtwochen die hohen Mengen an Eiweiß zu geben. Nach der zweiten Lebenswoche kann man den Eiweißanteil schon um bis zu 5 Prozent senken und in der 6. Lebenswoche bei 20 bis 24 Prozent angekommen sein.

Die einzelnen Versuchsansteller empfehlen unterschiedliche Mengenanteile an Roheiweiß und an umsetzbarer Energie. Das liegt auch unter anderem an den Haltungsbedingungen und dem wirklichen Bedarf der Tiere. Der Roheiweißgehalt liegt demnach zwischen 21 und 34 Prozent und die umsetzbare Energie zwischen 11,3 und 13,4 MJ/kg Futter.

Bemerkenswert ist neben den eingangs genannten Tatsachen, dass der Eiweißbedarf bei Küken und Jungtieren, verglichen mit anderen Geflügelarten, hoch ist. Daher erscheint beispielsweise Hühnerkükenfutter weniger gut geeignet, weil es nicht ausreichend Eiweiß enthält. Die folgende Darstellung zeigt das deutlich. Es wurde vergleichsweise an Legewachtelküken und an Mastwachtelküken jeweils Hühnerkükenfutter bzw. Putenstarterfutter gegeben.
Hühnerkükenfutter: 18 % Rohprotein, 11,4 MJ/kg Trockensubstanz UE
Putenstarterfutter: 29 % Rohprotein, 11,4 MJ/kg Trockensubstanz UE

Nach vier Wochen wurde der Versuch beendet, da die mit Hühnerkükenfutter gefütterte Fleischwachtelgruppe eine zu hohe Variabilität aufwies und die Unterschiede eindeutig waren.

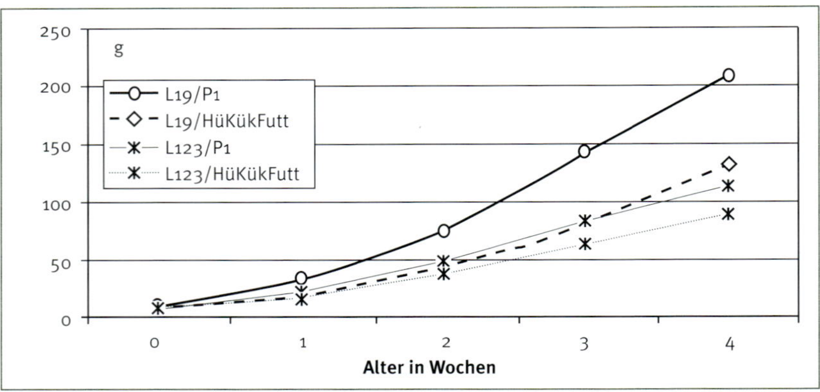

Wachstumsvergleich von Putenstarter- und Hühnerkükenfutter bei Wachtelküken.

Futter steht in den Futterrinnen mit Vorratsteil zur Verfügung. Auf dem Bild sind auch die Tränknippel sichtbar.

Die Folgen von Eiweißmangel in der Aufzuchtzeit: weiße Flächen in der Federausbildung der Schwingen.

Besonders augenscheinlich wird das bei den schweren Wachteln, wie hier bei der Linie L19. Bei der Legelinie (L123) wirkt es sich weniger stark aus. Bei den mit Hühnerkükenfutter versorgten Küken waren Mangelerscheinungen im Gefieder sichtbar. Die Flügelfedern, vor allem die Schwungfedern, waren weitestgehend pigmentlos (siehe unten).

Für den Mineralgehalt des Futters gibt es einige Vorgaben der Weltgeflügelorganisation WPSA, die im Folgenden aufgeführt sind.

In der Regel gibt man in der normalen Haltung für Küken bis 28 Prozent Rohprotein und ältere kann man auf 26 Prozent und in den letzten beiden Aufzuchtwochen auf 22 bis 24 Prozent reduzieren. Die Energiekonzentration für Jungtiere liegt bei 11 bis 12,5 MJ/kg TS.

Interessant und gleichzeitig Grundlage für die Fütterung ist der Mineralstoffgehalt des gesamten Tierkörpers. Kalzium und Phosphor sind von dieser Stoffgruppe mengenmäßig am meisten beteiligt und in entsprechenden Versuchen nahm der Bedarf prozentual auch deutlich zu.

Der Bedarf an Mineralstoffen ist bei wachsenden Wachteln deutlich höher. In der Zeit der intensivsten Zunahmen im Alter von drei und vier Lebenswochen sind auch die notwendigen Mengen entsprechend hoch. Dass sie bei Fleischtypen entsprechend höher liegen als bei Legetypen, ist sicher verständlich. Für die Kontrolle des Futters sind die Mineralstoffmengen für das fertige Futter angegeben. Die Publikationen der Weltgeflügelorganisation (WPSA) sind hilfreich, wenn es um die Berechnung und die Zusammenstellung der Rezeptur geht (Tabelle 28).

Tabelle 28:
Beispiele für Mineralstoffgaben (g/kg lufttrockenen Futters mit 12,5 MJ UE/kg)*

Wochen	Futter je Periode in g	Ca	P	Mg	Na	K	Cl
	Legetypen						
1 + 2	80	6,6	4,4	0,4	0,7	2,2	0,6
3 + 4	190	5,2	3,3	0,27	0,6	1,85	0,55
5 + 6	260	3,0	1,8	0,07	0,45	0,75	0,4
	Masttypen						
1 + 2	110	7,8	5,0	0,5	0,9	2,6	0,8
3 + 4	240	6,0	3,6	0,3	0,65	2,0	0,6
5 + 6	300	3,3	2,0	0,12	0,5	0,85	0,45

* WPSA-Publikation 1985

Als Alleinfuttermittel in der Aufzucht kann in der Regel Putenfutter und, wenn vorhanden, auch Spezialziergeflügel- oder Fasanenkükenfutter empfohlen werden. Der Eiweißgehalt bestimmt wesentlich den Preis des Futters. In der ersten Phase sollte man zu Starterfutter greifen und spätestens ab 4. bis 6. Lebenswoche auf Endmastfutter umstellen. Bei zukünftigen Zuchttieren kann auch Junghennenfutter gegeben werden. In den ersten Lebenstagen ist granuliertes Futter für Wachtelküken noch zu grob.

Putenstarterfutter eignet sich am besten für Wachtelküken. Granuliertes Futter sollte man die ersten Tage vor dem Verfüttern unbedingt in einer alten Kaffeemühle schroten.

Hier kann man sich helfen, indem man es noch einmal durch eine Schrotmaschine laufen lässt; für Kleinstmengen eignet sich auch eine alte Kaffeemühle mit Durchlauf. Spätestens nach einer Woche verzehren die Küken das granulierte Futter problemlos. Spezielle Futtermittel für Fasane, Wachteln usw. bringen in der Regel nicht mehr Erfolg als die Produkte aus der Putenpalette. Das geht vor allem gut, wenn keine Antibiotika eingemischt sind. Dies ist der Normalfall. Das Putenfutter ist zwar nicht billig, aber trotzdem noch billiger als die oft angebotenen Spezialmischungen für Ziergeflügel. In der Regel sind das wiederum „Universalfuttermittel“, die mehr oder weniger gut den Bedarf verschiedener Fasanenarten, anderer Hühnervögel und diverser Volierenbewohner abdecken. Ein Preis- und möglichst noch ein Qualitätsvergleich sind hier günstig. Hin und wieder findet man in der Fachpresse (Deutsche Geflügelwirtschaft und Schweineproduktion) dazu Ergebnisse.

Küken fressen in den ersten zwei Lebenswochen zwischen 6 und 14 g Futter je Tag. In der 3. und 4. Woche liegen die Verbrauchswerte bei 15 bis 25 g. In den letzten beiden Aufzuchtwochen werden bis 30 g und bei schweren Fleischwachteln auch darüberhinausgehende Mengen beobachtet.

Zusammenfassend ist festzustellen, dass für die Wachtelkükenaufzucht Fertigfuttermittel am günstigsten sind und mindestens 28 Prozent Rohprotein bei etwa anfangs 11 bis 12 MJ umsetzbarer Energie je Kilogramm Trockensubstanz aufweisen sollten.

Fütterung von Lege- und Zuchtwachteln

Im Alter von fünf bis acht Wochen beginnen Wachteln zu legen und sie tun dies, wenn die „Genetik“ stimmt, sowie bei entsprechenden Umweltbedingungen nahezu täglich. Eine Grundlage dazu liegt in der optimalen Ernährung der Tiere.

Es gibt zwei Möglichkeiten, die Wachteln zu ernähren: Man mischt das Futter selbst oder bessert vorhandenes auf bzw. nutzt handelsübliche Alleinfutter.

Eigene Untersuchungen ergaben interessante Ergebnisse. Dort wurden zwei Legehennenfuttermittel von zwei verschiedenen Herstellern nebeneinander geprüft. Dazu standen zwei Legewachtelherkünfte und zwei Fleischwachtelherkünfte zur Verfügung. Die Werte lagen innerhalb der Grundtypen nicht sehr weit auseinander und zeigen, wie zu erwarten war, dass Fleischwachteln mehr Futter fressen, schwerere Eier legen und etwas mehr als 1 g Futter je 1 g Ei mehr benötigen als

Neben den Pellets kann man den Wachteln zur „Unterhaltung“ auch Maiskolben hinlegen. So haben sie etwas zu tun und sind beschäftigt.

Legewachteln. Die Unterschiede zwischen den Futtermitteln waren statistisch nicht zu sichern. Man kann also sagen, dass handelsübliche Futtermittel für Zuchthennen der Lege- und der Fleischwachteln ausreichend sind. Dabei besteht aber immer noch die Möglichkeit, das Fertigfutter zu verändern. Das ist angebracht, wenn man Bruteier produzieren will, aber nur Legehennenfutter im Handel ist. Spezielles Zuchtgeflügelfutter wird zwar hergestellt, ist aber in der Regel nicht als Sackware erhältlich, da seitens der Geflügelwirtschaft daran Großbedarf besteht und deshalb eine Anlieferung per Silowagen und mit einer entsprechenden Technik erfolgt.

Fertigfuttermischungen sind ausreichend für den Grundbedarf. Der Züchter kann aber je nach Zuchtrichtung oder Geschlecht die einzelnen Futterkomponenten verändern bzw. ergänzen. Einige abgedruckte Tabellen leisten dazu Hilfestellungen.

Der Züchter oder Halter hat die Möglichkeit bzw. er ist gezwungen, auf vorhandene Futtermittel zurückzugreifen, also spezielle handelsübliche Mischungen für andere Hühnervögel wie Legehühner-, Masthühner-, Puten- oder Fasanenfutter einzusetzen. Dabei besteht aber die Möglichkeit, dass er das gekaufte Futter nach seinen Wünschen verändert. Dazu auch die folgenden Ausführungen zur Zuchttierfütterung. Einige Werte in der Literatur zeigten für die Wachtelhennenversorgung für das Roheiweiß einen Bedarf, der zwischen 18 und 24 Prozent lag. Die umsetzbare Energie wurde mit 10,2 bis 13,2 MJ/kg Futter empfohlen. Als Hauptfuttermittel wurden von den verschiedenen Autoren eingesetzt: Mais, Blutmehl, Kasein, essenzielle Aminosäuren, Fischmehl, Glukose, brauner Reis, Sesammehl sowie Tapiokamehl. Bei erwachsenen Wachteln werden üblicherweise Rohproteingehalte von 18 bis 20 Prozent eingesetzt.

Welchen möglichen Einfluss der Energiegehalt auf Legeleistung und Eigewichte haben kann, wurde von verschiedenen Autoren untersucht. Abstufungen des Energiegehaltes von 9,5 bis 13,3 MJ ME/kg ergaben letztendlich die besten Ergebnisse mit einem relativ hohen Energiegehalt von 13,3 MJ umsetzbarer Energie je Kilogramm Trockensubstanz.

Handelsübliche Futtermittel haben Energiekonzentrationen von 11 bis 12 MJ an umsetzbarer Energie, wobei die höheren Werte von Mastmischungen erreicht werden. Es wurde auch versucht, die optimale Höhe des Eiweißgehaltes im Futter zu finden. Die optimalen Eiweißmengen lagen bei 25 bis 30 Prozent. Dem Zusammenhang zwischen Eiweiß und Energiegehalt gehen andere Untersuchungen nach. Sie hatten bei den höheren Eiweißgehalten (20 bis 21 Prozent) und höheren Energiewerten (11,5 bis 12,1 MJ ME) die beste Legeleistung und die besten Brutergebnisse.

Ebenso wie in den Versuchen von Vohra und Rodybush (1971) liegt der Optimalwert bei den höchsten Energiekonzentrationen und der höchsten Eiweißmenge. Wobei Gehalte über 20 Prozent Rohprotein bei diesem Versuchsbericht nicht angeboten werden.

Letztendlich ist der Preis des Futters maßgeblich und das interessiert auch den Produzenten von Wachteln und Wachteleiern.

Das Selbstmischen von Wachtelzuchttierfutter ist möglich, aber relativ aufwendig. Handelsübliches Futtermittel für Legehennen ist sicher einfacher zu beschaffen und letztlich billiger. Man kann sich aber selbst helfen und den Eiweißgehalt um 2 bis 3 Prozent erhöhen, indem man ein Eiweißfuttermittel zugibt. Geeignet ist eigentlich immer Sojaextraktionsschrot. Daneben kann man gerade in Kleinstbeständen mit gutem Erfolg eiweißreiche Milchprodukte direkt bieten: Milch, Magermilch und Quark.

Tabelle 29:
Aminosäurebedarf Japanischer Wachteln (WPSA-Publikation 1984)

Aminosäure	wachsende Wachteln		Zuchtwachteln	
Futter Autoren*	A	B	C	D
	%			
Proteingehalt	26	25	18	15 oder 20
Lysin	1,37	1,15	0,86	
Zystin		0,29	0,31	
Methionin		0,43	0,37	0,1
Methionin + Zystin	0,74	0,72	0,68	
Arginin		0,36	0,38	
Histitin		0,36	0,38	
Isoleucin		0,98	0,81	
Leucin		1,69	1,28	
Phenylalanin		0,96	0,70	
Tyrosin		0,83	0,55	
Phe + Tyr		1,79	1,25	
Threonin		1,02	0,67	
Tryptophan		0,22	0,17	
Valin		0,95	0,83	
Glycin	1,74	0,53		
Serin		0,61		
Glycin + Serin		1,14		

* A = Svaca und Mitarbeiter (1970), B = Young und Mitarbeiter (1978), C = Allen und Young (1980), D = Arscot und Pierson-Goeger (1981)

Letztlich ist wichtig, welche und wie viele Aminosäuren im fraglichen Eiweiß zur Verfügung stehen. Auskünfte über den Bedarf geben entsprechende Tabellen und Übersichten (Tabelle 29). Man muss aber wissen, dass es möglich ist, diese Vitamine für ein Wachtelfutter überprüfen zu lassen. Andererseits sind die Kosten dafür vergleichsweise hoch, sodass derartige Ausgaben bestenfalls für ein Futtermittelwerk oder eine Forschungseinrichtung vertretbar sind. Es ist also einfacher und vor allem billiger, Tabellen zur Hand zu nehmen und danach den möglichen Vitamingehalt zu schätzen.

Von nicht wenigen Ziergeflügelliebhabern werden Wachteln oft in Sittichvolieren gehalten, um dabei das herabfallende Futter zu verwerten. Das ist gut möglich, aber mit Einschränkungen, da dieses Futter nicht vollwertig sein muss oder kann. Langjährige Erfahrungen zeigen, dass die Tiere das Futter aufnehmen, das sie brauchen.

Die Wasserversorgung ist ähnlich wie bei Küken zu gestalten. Vorratstränken sind dabei eine Möglichkeit und die nächste Variante sollte eine Tränke mit Anschluss an das Wassernetz sein.

Tabelle 30:
Vitaminbedarf der Japanischen Wachtel (nach Shim and Vohra 1984)

Angaben je kg Futter	Einheit	wachsende Wachtel	Zuchtwachtel
Vitamin A	IU	4.000	4.000
Vitamin D_3	IU	600	600
Vitamin E	IU	40	40
Vitamin K	mg	5	5
Biotin	mg	0,12	0,4
Cholin	mg	3.500	2.000
Folsäure	mg	0,4	0,5
Niacin	mg	40	40
Panthotensäure	mg	40	40
Pyridoxin	mg	2	2
Riboflavin	mg	2	4
Thiamin	mg	2	2

Die Gabe von Mineralstoffen muss auch die Anforderungen der Legetypen berücksichtigen. Hier geht es ganz besonders um die Eizahl und um die Zahl der verkaufsfähigen Eier, also Eier ohne Defekte oder Deformationen.

In diesem Zusammenhang wurde die Schalenstärke in ihrer Abhängigkeit von dem Grad des Salzgehaltes geprüft. Es zeigt sich, dass mit zunehmender Salzmenge im Tränkwasser die Schalenstabilität nachlässt, weil weniger Kalk zur Verfügung steht. Das ist in bestimmten Regionen von Bedeutung, wo es nicht ausreichend Trinkwasser gibt, aber ausreichend Meerwasser zur Verfügung steht.

Der Mineralstoffbedarf ist in der Regel einfach zu erfüllen: Man kauft Fertigfutter und hofft, dass die Hersteller es schon wissen, wie man Futter fertigt. So leicht sollte man es sich jedoch nicht machen, denn die Mengen und relativen Anteile sind von der Nutzungsrichtung abhängig und wissenschaftlich begründete Änderungen können vom Hersteller auch übersehen werden. In der folgenden Tabelle sind nicht nur Fleisch- und Legetypen unterschieden, sondern auch die Geschlechter.

Tabelle 31:
Mineralstoffbedarf bei Zuchtwachteln (mg/Tier/d)*

Eimassse/T/d	Gewicht kg	Ca	P	Mg	Na	K	Cl
Legewachtelhenne	0,14	550	45	8	22	25	22
Mastwachtelhenne	0,22	650	55	10	25	30	25
Wachtelhahn	0,12/0,2	25	12	1,5	5	7	5

* WPSA-Publikation 1984

Zusammenfassend ist bezüglich des Futterverbrauches festzustellen, dass Legewachteln (also die leichteren Typen) je Tier und Tag 25 bis 35 g Futter benötigen und Mastelterntiere zwischen 35 und 45 g Futter aufnehmen.

Der Rohproteingehalt sollte mindestens 18 Prozent aufweisen und eine Energiedichte von 11 bis 12 MJ UE/kg TS haben. Ebenso wie bei der Küken- und Jungtierfütterung kann man sich auch die Mischungen für Zuchttiere selbst herstellen. Die nachfolgenden Rezepturen geben dazu die Voraussetzungen mit.

Beispiele für Futtermischungen

Im folgenden Teil sind einige praktische Wachtelfuttermischungen zusammengefasst. Es sind in der Regel Rezepturen, die von den Autoren für spezielle Zwecke favorisiert wurden. Es handelt sich dabei um ausgesuchte Futtermischungen für bestimmte Altersgruppen oder Mastabschnitte. Als Erstes einige Mischungen, die im früheren Geflügelforschungsinstitut der Bundesforschungsanstalt in Celle genutzt wurden.

Tabelle 32:
Beispiele für Wachtelkükenfutter sowie Endmastfutter

Komponenten		Kükenfutter	Endmastfutter
Maisschrot	%	43,59	72,93
Sojaschrot	%	42,70	20,00
Fischmehl	%	9,00	4,00
Molkenpulver	%	1,00	1,00
Trockenhefe	%	2,00	–
Calciumcarbonat	%	0,50	0,20
Dicalciumphosphat	%	0,40	1,40
Viehsalz, jodiert	%	0,40	0,40
Spurenelement und Vitaminzusatz	%	0,41	0,06
Berechnete Werte			
Umsetzbare Energie	MJ	11,89	12,46
Rohprotein	%	30,00	18,50

Tabelle 33:
Beispiele für Wachtelkükenfutter sowie Endmastfutter: Supplementierung mit Vitaminen und Spurenelementen je kg Futtermischung in Celle

Komponenten		Kükenfutter	Endmastfutter
Vitamin A	IU	13.200	8.000
Vitamin D_3	IU	1.650	1.000
Vitamin E	mg	8	5
Vitamin K	mg	3	2
Vitamin B_2	mg	15	11
Ca-D-Pantothenat	mg	25	19
Niacinsäure	mg	40	30
Folsäure	mg	0,26	0,21
Vitamin B_{12}	mg	17	10

Komponenten		Kükenfutter	Endmastfutter
Cholinchlorid	mg	1,559	–
Zink	mg	40	38,4
Kupfer	mg	1,50	1,44
Mangan	mg	60	57,6
Kobalt	mg	0,05	0,048

Ebenfalls aus Celle kommt die folgende Zusammenstellung.

Tabelle 34:
Futtermischungsbeispiel für Aufzuchtfutter (nach Vogt 1970)

Komponenten		
Maisschrot	%	44,0
Sojaextraktionsschrot	%	42,7
Fischmehl	%	9,0
Molkenpulver	%	1,0
Trockenhefe	%	2,0
Calciumcarbonat	%	0,5
Dicalciumphosphat	%	0,4
Viehsalz, jodiert	%	0,4
Zusätzlich je kg:		
Vitamin A	IU	13.333
Vitamin D_3	IU	1.667
Vitamin E	mg	8,3
Vitamin K	mg	3,3
Vitamin B_2	mg	15,3
Calcium-D-Pantothenat	mg	22,5
Nicotinsäure	mg	40,0
Folsäure	mg	0,26
Vitamin B_{12}	µg	16,7

Cholinchlorid	mg	2,500 bis 3,000
Rohprotein	%	28,4
Rohfaser	%	3,6

Auch an anderen Instituten wurden und werden Wachteln gehalten und für die verschiedensten Zwecke genutzt. Es folgt eine Mischung aus der Geflügelforschung der Universität Stuttgart-Hohenheim.

Tabelle 35:
Futtermischungsbeispiel aus Hohenheim

Komponenten		**Mischung 1**	**Mischung 2**
Sojaschrot	%	50,60	39,50
Mais	%	30,00	29,00
Weizen	%	9,80	20,30
Haferspelzen	%	3,70	5,00
Sojaöl	%	2,00	2,00
Kohlensaurer Kalk	%	1,26	1,28
Dicalciumphosphat	%	1,67	1,67
Methionin-DL	%	0,20	0,20
Lysin-HCL	%	–	0,30
NaCl	%	0,21	0,21
Cholinchlorid	%	0,25	0,25
Vitaminprämix	%	0,25	0,25
Spurenelementeprämix	%	0,06	0,06
Umsetzbare Energie	MJ/kg	11,4	11,5
Rohprotein	%	29,90	26,00
Rohfaser	%	4,30	4,60
Calcium	%	1,31	1,27
Phosphor	%	0,84	0,78

Diese Mischung unterscheidet sich vor allem durch unterschiedliche Sojaschrot- und Weizenanteile und damit differenten Eiweißgehalt.

Diese Mischung enthält kein tierisches Eiweiß und wurde eigentlich erst nach Auftreten der BSE-Problematik in der Tierhaltung aktuell. Auch die folgende Mischung ist ohne tierisches Eiweiß zusammengestellt. Doktoranden nutzten in Stuttgart-Hohenheim die folgende Futterzusammensetzung.

Tabelle 36:
Alleinfuttermittel für Legewachteln (Hohenheim)

Komponenten	**in kg/100 kg**
Sojaschrot (45)	25,00
Gelbmais	46,00
Hafer	8,00
Weizenkleie	3,00
Luzerne-Grünmehl	3,00
Sojaöl	4,00
Vitaminvormischung	0,50
Spurenelementemischung	0,04
Kohlensaurer Kalk	6,00
Phosphorsaurer Kalk	2,00
Carophyll, rot	0,002
Cholinchlorid	0,20
Haferschalen	2,258
Berechnete Werte	
ME kcal/kg	2.810
ME MJ/kg	11,31
Rohprotein (%)	17,60
Calcium (%)	2,90
Phosphor (%)	0,75

Aus Kanada kommt die in Tabelle 37 gezeigte Rezeptur. Hier wird beim Zuchttierfutter 55 Prozent Weizenanteil eingemischt und mit Soja, Maisschrot, Fisch- und Luzernemehl, Vitaminen, Aminosäuren und Mineralien ergänzt. Für wirtschaftliche Verhältnisse mit preiswertem Weizen ist das eine gut übersichtliche Mischung.

Tabelle 37:
Futtermischungsbeispiel – Aufzucht- und Zuchtfutter (nach Stevens und Blair 1985)

Komponenten		**Kükenfutter**	**Zuchttierfutter**
Weizen	%	32,7	55,4
Sojaextraktionsschrot	%	27,0	15,5
Maisschrot	%	21,0	6,3
Fischmehl	%	9,5	7,0
Luzernemehl	%	4,0	6,0
Maisöl	%	2,5	1,9
Calciumcarbonat	%	0,4	4,6
Dicalciumphosphat	%	0,6	1,0
Salz, jodiert	%	0,3	0,3
Vitaminvormischung	%	1,0	1,0
Mineralstoffvormischung	%	1,0	1,0
DL-Methionin	%	–	0,1
Berechnete Werte			
Umsetzbare Energie	MJ/kg	12,4	11,7
Rohprotein	%	24,9	22,0
Rohfaser	%	3,9	4,2
Rohfett	%	4,2	3,1
Calcium	%	1,0	2,5
Phosphor	%	0,8	0,8
Methionin + Cystin	%	0,8	0,8
Lysin	%	1,5	1,2

Tabelle 38:
Futtermischungsbeispiel (nach Soltan 1984)

Komponenten		Kükenfutter	Zuchttierfutter
Sojaschrot	%	45,0	30,58
Gerste	%	–	14,86
Fischmehl	%	5,50	–
Mais	%	30,80	9,80
Weizen	%	–	30,66
Maisstärke	%	6,40	–
Weizenkleie	%	6,00	
Sojaöl	%	2,40	4,15
Calciumcarbonat	%	1,11	6,47
Dicalciumphosphat	%	1,61	1,52
Monocalciumphosphat	%	–	0,58
Na-Bicarbonat	%	–	0,13
NaCl	%	0,21	0,20
Spurenelementeprämix	%	0,08	0,05
Vitaminprämix	%	0,30	0,42
Cholinchlorid	%	0,25	0,20
DL-Methionin	%	0,22	0,06
Sonstige Zusätze	%	0,12	0,20
Berechnete Werte			
Umsetzbare Energie	MJ/kg	12,08	11,47
Rohprotein	%	29,95	20,38
Rohfaser	%	2,88	3,59
Calcium	%	0,99	3,02
Phosphor	%	0,79	0,79
Lysin	%	1,73	1,07
Methionin	%	0,65	0,36
Cystin	%	0,31	0,34

Soltan arbeitet bei der Kükenaufzucht mit Fischmehl und lässt es bei der Zuchttierfütterung weg. Das ist aufgrund des geringeren Eiweißbedarfs der Zuchttiere auch unproblematisch zusammenzustellen.

Mit der folgenden Futtermischung arbeitet man an der Landwirtschaftlichen Fakultät der Universität in Izmir, Türkei.

Tabelle 39:
Zusammensetzung einer Versuchsfuttermischung

Futtermittel	**Anteil in %**
Mais	60,00
Sojamehl	24,00
Fischmehl	4,00
Dicalciumphosphat	1,20
Kalziumkarbonat	1,37
Salz	0,25
Vitamin-/Mineralprämix	0,35
Methionin	0,02
Lysin	0,01
Chemische Analyse	
Trockensubstanz	90,63
Rohprotein	23,06
Rohfett	2,64
Rohfaser	3,80
Asche	3,78
Calcium	1,17
Methionin	0,41
Lysin	1,37
Umsetzbare Energie MJ	11,51

Für spezielle Untersuchungen, wenn es zum Beispiel um die ausschließliche Wirkung eines bestimmten Stoffes geht, welcher Art auch immer, nutzt man gereinigte oder reine Diäten. Diese Stoffe können Spurenelemente oder Vitamine sein oder andere Stoffe, deren Wirkung untersucht werden soll. Für reine Diäten kommen nur klar definierbare Nährstoffe zum Einsatz.

Wenn man zum Beispiel die Wirkung einer Zugabe eines Vitamins untersuchen will und mit konventionellen Futterstoffen arbeitet, die das fragliche Vitamin auch enthalten, ist eine klare Aussage nicht möglich, weil beispielsweise unbekannt ist, in welcher Form es im Tier vorliegt. In der Spurenelementforschung verwendet man aus diesen Gründen reine Diäten.

Einige spezielle reine Diäten sind mit ihrer Wirkung im Vergleich zu einer „normalen" Rezeptur in den nächsten beiden Tabellen zusammengestellt. Eine Mischung aus den USA (Tabelle 40) gibt einen Einblick in diese Problematik.

Tabelle 40:
Vergleich einer praktischen Mischung (A) mit reinen Rationen (B, D, E, F)

	A	B	D	E	F
Kasein	–	18,0	18,0	18,0	14,8
Gelatine	–	9,0	9,0	9,0	7,4
Glukose	–	57,1	57,6	–	59,7
Maisstärke	–	–	–	57,6	–
Mais	29,8	–	–	–	–
Weizen	26,0	–	–	–	–
Sojaschrot 48 % RP	21,0	–	–	–	–
Fischmehl 70 % RP	5,0	–	–	–	–
Luzernemehl 17 % RP	5,0	–	–	–	–
Fleisch- und Knochenmehl 50 % RP	5,0	–	–	–	–
Calciumcarbonat	4,5	3,9	4,7	4,7	4,7
Dicalciumphosphat	2,0	5,5	4,2	4,2	4,2
Distelöl	1,0	4,0	4,0	4,0	4,0
Salz, jodiert	0,3	–	–	–	–
Vitaminmix	0,5	0,5	0,5	0,5	0,5
Mineralmix	–	1,9	1,9	1,9	1,9
Spurenelementemix	0,1	0,1	0,1	0,1	0,1
Aminosäuremix	–	–	–	–	2,7

Bei der Testung spezieller Stoffe sind derartige Mischungen von nicht geringer Bedeutung.

Was die Tiere trotz dieser „unnatürlichen“ Mischungen leisteten, zeigt die Tabelle 41.

Tabelle 41:
Ergebnisse der Nutzung einer praktischen Mischung (A) mit reinen Rationen obiger Mischung

Mischung	Legeleistung %	Eigewicht g	Schlupfrate %	Futterverbrauch/ Tier/d in g
A	88,5	10,15	75,8	27,1
B	73,6	9,11	52,1	23,5
D	73,8	8,89	55,9	23,2
E	80,5	9,26	69,1	25,6
F	74,9	9,14	65,5	23,3

Wasserbedarf

Während der Futterbedarf für das Geflügel gut bekannt ist, wird der Bedarf an Trinkwasser wenig oder nicht festgehalten. Bestenfalls wird bei der Einflussnahme von möglichen im Wasser enthaltenen Stoffen der Gehalt festgestellt oder der Wassergehalt in Futterstoffen ermittelt.

Das verabreichte Wasser muss Trinkwasserqualität aufweisen. Es dürfen keine Algen oder andere Verunreinigungen geduldet werden.

In einer Untersuchung wurde gezeigt, welche Wirkung der Nitratgehalt im Futter bewirkt. Es wurde deutlich, dass die Auswirkungen eines erhöhten Nitratgehaltes auf die Mortalität am größten sind. Futter- und Wasserverbrauch sowie die hier nicht angegebene Zuwachsrate werden dagegen weniger belastet. Der Wasserbedarf steht üblicherweise im Verhältnis von 2,5 : 1 zur Futteraufnahme.

Bei der unbehandelten Kontrollgruppe war die Relation wie angegeben. Dieser Versuch zeigt die Bedeutung des scheinbar „simplen“ Wassers und dessen Inhaltsstoffe.

Gleichermaßen wird damit hier auch auf die Nitratgefahr im Trinkwasser verwiesen. Derartige Probleme gibt es gelegentlich in selbst gebauten Hauswasseranlagen, für die vor allem keine Untersuchung der Wasserqualität erfolgte.

Nicht umsonst wird bei der Charakterisierung der Wasserversorgung des Geflügels der Status „Trinkwasserqualität“ gefordert.

Zunächst erhalten die Küken ihr Wasser aus der Stülptränke, später werden sie auf Tränknippel umgestellt.

Fütterung und Dotterfarbe

Es gibt einen gewissen Zusammenhang zwischen Inhaltsstoffen und Färbung des Eidotters. Der ist aber nur bei extremen Situationen von Bedeutung, nämlich dann, wenn es sich um absolut unterversorgte Tiere handelt; dabei ist auch die Dotterfarbe wenig appetitlich. Bei Zuchthennen, die im Prinzip für den Brutschrank produzieren, ist die Dotterfarbe im Wesentlichen bedeutungslos. Für den Konsumenten muss man aber Eier produzieren, die dessen Ansichten von der richtigen Dotterfärbung entsprechen. Allerdings scheint es beim Geschmack regionale und nationale Unterschiede zu geben.

Eine kräftige Dotterfarbe ist für den Verkauf an Konsumenten äußerst wichtig. Die Dotterfarbe lässt sich mit Farbstoffzusätzen im Futter verändern.

Mit Farbstoffzusätzen lässt sich viel erreichen. Mit Futtermitteln, die Xanthophyll enthalten, kann man recht gut die Dotterfarbe steuern. Dabei ist zu beachten, dass nicht alle Sorten einer Art die gleiche Menge Xanthophyll erthalten.

Xanthophylle gehören zu den Karotinoiden. Die wichtigsten Xanthophylle sind Zeaxanthin und Lutein. Die Namen deuten schon auf die Herkunft hin:

Zeaxanthin	kommt vom Mais *(Zea mays L.)*
Lutein	kommt von der Lupine *(Lupinus luteus L.)*

Tabelle 42:
Xanthophyllgehalt in einigen Futtermitteln (nach Shanaway 1994)

Futtermittel	Gesamtxanthophyll (mg/kg Futter)
Mangoldblattmehl	7.000
Algen, getrocknet	2.000
Seetang, getrocknet	920
Tamarindenmehl	660
Maisklebermehl, 60 % RP	350
Luzernemehl, 20 % RP	240
Luzernemehl, 17 % RP	200
Maisklebermehl, 41 % RP	132
Gelbmais	22

Die Dotterfarbe kann man mit einem Farbfächer von Roche sehr gut erkennen und bestimmen.

Vergleich zwischen Spiegeleiern von Wachtel und Haushuhn. Die Dotterfarbe kann der Züchter mittels Fütterung beeinflussen.

Der Anstieg der Dotterfärbung erfolgt nach Zugaben von geeigneten Futterstoffen nicht gleichermaßen stark, wie das eventuell der steigende Xantophyllgehalt vermuten lässt. Während der Xanthophyllgehalt exakt messbar ist, gibt der Roche-Filter Färbungsintensitäten wieder.

Beispiele für den Xanthophyllgehalt einiger Futtermittel zeigt die Tabelle 42. Bemerkenswert ist, dass aus dem Meer wertvolle Futterzusätze kommen. Außerdem enthält Mangold die höchsten Farbstoffanteile. Mangold ist heute eine eher vergessene Nutzpflanze.

Weiterhin gibt es aber auch synthetische Farbstoffe, die quasi nur färben, aber keine Aufgabe im normalen Stoffwechsel haben.

Produktion mit Wachteln

Die Produktion von Zuchttieren für die Hobbytierhaltung ist ein interessanter Zweig der Wachtelhaltung. Im Vordergrund stehen in der Regel die verschiedensten Farbenschläge. Das Motto heißt dabei: Je seltener oder je neuer der Farbenschlag, umso teurer das Tier. Wenn man so eine Rarität im Stall hat, darf man eines nicht tun: Wachteleier verkaufen(!) – zumindest keine Eier in intaktem Zustand.

Rein zahlenmäßig überwiegen die Hobbyhaltungen in Deutschland. Daneben gibt es aber sehr produktive Zuchten, die Wachteleier und/oder Wachtelfleisch für den Markt bieten. Sie tun dies nicht immer mit differenzierten Linien, also Legelinien bzw. Fleischlinien, sondern produzieren eine Art „Zwiewachtel", also eine mittelschwere Linie für beide Produktionsrichtungen.

Die Argumente für und gegen die verschiedenen Methoden werden bis zum Ende dieser Schrift nochmals berührt.

Wachteleier

Wie bereits festgestellt, sind Wachtelhennen schwerer als Hähne. Das ist bei anderem Geflügel kaum der Fall. Zumindest, wenn man gleiche Rassen betrachtet, gibt das allgemeine Bild das stärkere männliche Tier und das kleinere weibliche Tier wieder.

Die Ursache für diesen Zustand liegt im relativ großen Legeapparat der Wachtelhennen, besonders auf Infundibulum und Isthmus bezogen. Ein Vergleich mit anderen Geflügelarten kann das deutlich machen. Wachteln haben im Vergleich zu Hühnern und Puten einen höheren Anteil bei den Legeorganen. Lediglich zu Beginn der Legeperiode wird das Luteinisierungshormon (LH) vermehrt produziert und die Ausreifung der Legeorgane, speziell des Eierstocks, muss entsprechend stimuliert sein. Der Eierstock besteht aus etwa 5.000 bis 10.000 Eizellen, von denen ein kleiner Teil zur Ovulation kommt. Die Eizellen werden im Magnum mit festem Eiklar versehen. Im Isthmus wird die Schalenmembran angefügt, die bei Wachteln besonders stabil ist. Im darauffolgenden Uterus wird das Eiklar mit Wasser in die bekannte Konsistenz versetzt bei gleichzeitiger Verdoppelung des Gewichts. Gleichzeitig erfolgt nach der Schalenmembran die Bildung der Eischale und hier werden verschiedene Färbestoffe zugegeben. Das ist zum Beispiel für die braune Eischalenfarbe bei Haushühnern das Porphyrin. Letzteres ist auch bei Wachteln vorhanden. Dazu kommen unter anderem noch Bilirubin für die Gelb- bis Rotfärbung und Oocyan

Störungen im Aufbau der Schalenstärke sind ein Indiz für Probleme im Tierbestand. Meist liegt die Ursache in einer unausgeglichenen Futtergrundlage.

Wachtelzuchtkäfig

mit einer Grundfläche von 50 x 100 cm und 20 cm Höhe. An der Vorderseite zu öffnen, an der Rückseite erfolgt die Futter- und Wasserversorgung. Der Käfig ist herauszunehmen. Der Boden besteht aus einer Abrollfläche für die Eier und einer Sandbadfläche, in die eine Gitterfläche eingelassen ist, um den Boden herauszuziehen.
Für die Aufzucht wird die Abrollfläche gegen ein gerades Gitter getauscht.

Seitenansicht

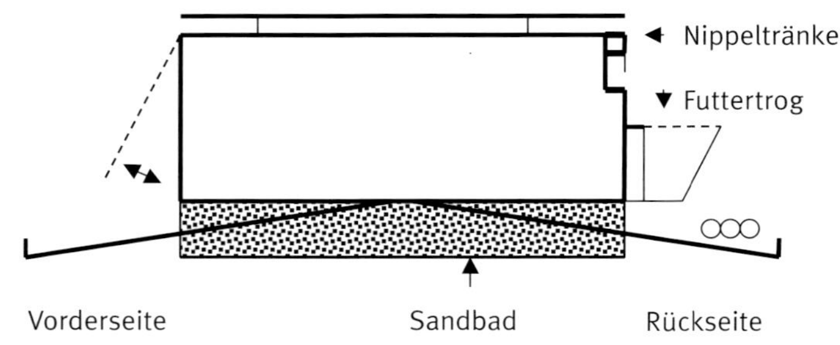

Frontansicht

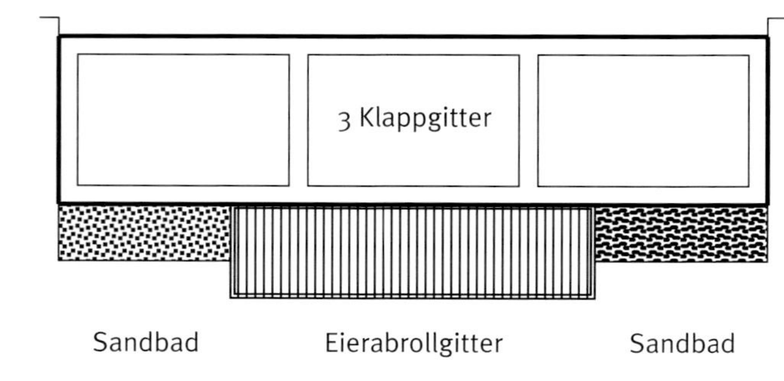

Schematisierter Wachtelaufzuchtkäfig.

für die Blau- bis Türkisfärbung. Bilirubin ist ein Abbauprodukt der roten Blutkörperchen. Bei Wachteln wird die Färbung etwa in den letzten drei Stunden vor dem Legen erledigt, Hühner und Puten benötigen drei bis fünf Stunden dazu. Die Pigmente werden bei Wachtel und Haushuhn in der Schalenmembran, der Schale und in der Kutikula, der äußeren Hülle aus Wachs, deponiert.

Einen Einfluss auf die Schalenfarbe haben der Gesundheits- und der physiologische Zustand der Tiere. Oft gibt es dabei erhebliche Farbveränderungen. Ebenso sind starke Störungen im Aufbau und in der Schalenstärke deutliche Zeichen für Probleme im Tierbestand. Schalenlose Eier sind ebenfalls hier zugehörig. Die „einfachste" Ursache ist im Futter zu suchen.

Ebenso ist die Verweildauer („Bearbeitungszeit") des Eies in den verschiedenen Teilen wichtig für die Legeleistung. Je kürzer die Teilzeiten, umso kürzer die Gesamtzeit und damit die Beantwortung der Frage: Kann die Henne jeden Tag ein Ei legen oder geht das wegen der längeren Bearbeitungszeit nicht?

Die jeweils kürzeste Verweildauer im Uterus haben Wachtel- und Haushuhnei. Ebenso ist das Wachtelei im Magnum am kürzesten unterwegs.

Untersuchungen am Wachtelei und der Vergleich mit Hühnereiern

Die Frage, wer zuerst da war, hier Wachtelhuhn oder Ei, soll nicht geklärt werden. Interessant ist, was alles in einem Wachtelei enthalten ist und was es da mit relativ einfachen Mitteln zu messen gibt. Einiges Wissenswerte über das Ei zeigen die folgenden Tabellen.

Tabelle 43:
Angaben zum Wachtelei (nach Sato und Mitarbeiter 1989)

Merkmal		Mittelwert	in % zum Eigewicht
Eigewicht	g	9,22	100,00
Dottergewicht	g	2,85	30,91
Eiklargewicht	g	5,63	61,06
Schalengewicht	g	0,74	8,03
Eiklarhöhe	mm	3,78	
Dichte		1,07	
Schalendicke	mm	0,20	
Schalenstabilität	kg/cm²	0,97	
Dotterfarbe		6,3	

Von älteren Legehühnern weiß man, dass sie weniger starke Eischalen produzieren und damit weniger stabile Eier. Das scheint bei Wachteln ähnlich zu sein. Bei Jungtieren wurden bei Legebeginn Eischalenstärken von 0,2 mm festgestellt, bei älteren Tieren waren die Schalen logischerweise dünner.

Ornithologen benutzen als festzuhaltenden Wert unter anderem das Volumen des Eies. Dazu verwenden sie die Wasserverdrängung eines Eies und arbeiten mit einer Genauigkeit von 96 Prozent.

Ein Vergleich zwischen Hühner- und Wachtelei ist recht aufschlussreich über das Leistungsvermögen der Wachteln. Das zeigt sich vor allem, wenn man die Lebendgewichte einbezieht.

Tabelle 44:
Unterschiede zwischen Haushuhn- und Wachtelei (Shanaway 1994)

	Wachtel	Huhn
Eigewicht in g	10,3	56,7
Relation zum Lebendgewicht	1 : 12 und >	1 : 30 und >
Eiklar %	56,5	57,1
Dotter %	32,6	31,1
Schale %	9,9	10,7
Schalendicke mm	0,19	0,31
Eiform-Index	78,5	73,3

Anschaulich belegt diese Abbildung die Größenunterschiede zwischen Hühnerei und Wachteleiern.

Wie wertvoll ein Ei für die menschliche Ernährung ist, liegt an den Inhaltsstoffen. Hier gibt es Wechselbeziehungen zwischen Futterqualität und Wert als Nahrungsmittel. In der Regel ist es so, dass nur das im Ei sein kann, was im Futter enthalten ist.

Tabelle 45:
Chemische Zusammensetzung von Wachtel- und Hühnereiern (relativ zum Vollei) (Shanaway 1994)

	Wachtelei			Hühnerei		
	Dotter	Eiklar	Gesamtei	Dotter	Eiklar	Gesamtei
Wasser	48,97	87,36	74,25	49,18	88,20	73,98
Eiweiß	15,70	11,19	13,17	16,21	10,09	12,65
Fett	32,61	–	11,04	32,92	0,03	11,92
Kohlehydrate	0,83	0,79	1,02	0,80	0,80	0,92
Rohasche	1,25	0,65	1,11	1,39	0,67	0,93

Deutlich zeigt sich der hohe Wassergehalt des Eiklars. Es enthält fast doppelt so viel Wasser wie der Dotter. Das zeigt, dass die wesentlichen Stoffe im Dotter deponiert sind. Letztlich wird auch das Küken aus dem Dotter aufgebaut, wobei das Eiklar keineswegs bedeutungslos ist, was sich aus den Anteilen an Eiweiß und Kohlehydraten ergibt.

Tabelle 46:
Mineral- und Vitamingehalt von Wachtel- und Hühnereiern (Shanaway 1994)

Mineralien	Maßeinheit	Wachtelei	Hühnerei
Calcium	mg	59,0	58,5
Phosphor	mg	220	181
Eisen	mg	3,8	2,4
Vitamine			
Thiamin	mg	0,12	0,08
Roboflavin	mg	0,85	0,30
Niacin	mg	0,10	0,07
Vitamin A	IE	300	370

Tabelle 47:
Kalorischer Wert von Wachtel- und Hühnereiern (kJ/100 g) (Shanaway 1994)

	Wachtelei			Hühnerei		
	Dotter	Eiklar	Gesamtei	Dotter	Eiklar	Gesamtei
Protein	258	190	224	276	172	215
Fett	1207	–	409	1218	–	419
Kohlehydrate	13	13	16	13	13	15
Gesamt	1478	203	649	1507	185	649

Aus den Tabellen geht nicht hervor, dass es eine zuweilen vermutete deutliche Überlegenheit einer der beiden Hühnervogelarten über die andere gibt. Im Gesamtei sind bei beiden Geflügelarten letztlich gleiche Energiemengen enthalten.

Die Eigewichte richten sich zuerst nach der Größe der Tiere. Während Legewachteln Eier im Gewicht von 9 bis 11 g legen, bringen es die Fleischwachteln, die doppelt so schwer sind wie Legewachteln, auf ein mittleres Eigewicht von 11 bis 13 g, nicht selten sogar Mittelwerte von 15 g. Es ist also nicht exakt, nur eine Gewichtsspanne anzugeben. Man muss dann schon klarere Beschreibungen geben.

Bei den Untersuchungen stellte sich heraus, dass die Wachteln 16,28 mg Cholesterol im Dotter enthielten und die Haushühner dagegen 17,84 mg.

Ein wichtiger Hinweis: Absolut enthalten Wachteleier nur ein Fünftel des Cholesterins von einem Hühnerei, ergänzend sollte man anfügen, dass ein Hühnerei – in der Regel – jedoch fünfmal größer ist als ein Wachtelei!

Die Unterschiede zwischen den einzelnen Linien oder „Genotypen“ sind eindeutig. Es ist aber keinesfalls so, dass über Jahre die gleichen Eigewichte festgestellt werden können. Da gibt es Schwankungen von Generation zu Generation.

Die Spannweite für die Mittelwerte der einzelnen Linien reichte von 10,9 g bis 11,6 g sowie von 12,8 g bis 13,7 g. Selbstverständlich variieren die Einzelwerte der Tiere wesentlich stärker.

Auch hier erkennt man, dass es durch Selektion in einer Wachtelherde in relativ kurzer Zeit Ergebnisse gibt, die zu verallgemeinern sind und die Reserven der Züchtungsforschung zeigen.

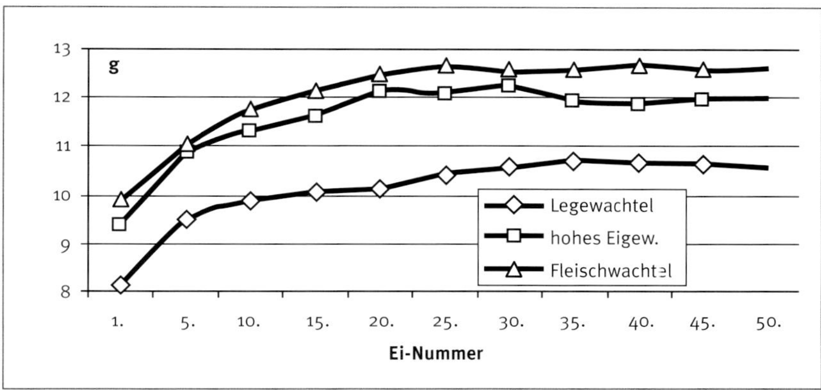

Entwicklung der Eigewichte vom 1. bis zum 50. Ei bei unterschiedlichen Wachtelstämmen.

Wachtelfleisch

Zartes Wachtelfleisch begeistert Gourmets und Starköche gleichermaßen. Der Fleischgeschmack hängt aber auch von der Art der Vorbereitung ab. Es gibt die Möglichkeit, die Tiere nach dem Schlachten abzuziehen oder nur zu rupfen. Einmal werden das Federkleid und die Haut entfernt und beim anderen Mal nur die Federn gerupft. Es ist klar, dass die Haut mit mehr oder weniger viel Fett den Geschmack erheblich beeinflussen kann. Es gibt aber auch zahlreiche Kenner, die eine Wachtel ohne Haut bevorzugen. Der Produzent sollte interessiert sein, die Tiere mit Haut zu verkaufen, denn das sind jeweils 20 bis 40 g je Tier, die sonst den Erlös schmälern.

Wachtelfleisch wird ohne Federn, also gerupft und ohne Haut angeboten. Das zarte Fleisch überzeugt die Konsumenten und findet in der gehobenen Gastronomie immer mehr Eingang in das Speisenangebot.

Ebenfalls werden oft die Innereien entfernt und nicht verwendet. Das ist nicht nur Geld, auf das verzichtet wird, sondern es sind auch wohlschmeckende Teile der Wachtel. Das Entnehmen und Bearbeiten von Herz und Leber ist nicht schwer. Es muss nur beachtet werden, dass an der Leber eine Gallenblase ist, die beim Platzen die Leber im Geschmack beeinflusst. Der Muskelmagen ist ein Organ, dessen Reinigung etwas Übung bedarf. Sinnvoll ist es, den Magen an einer Seite einzuritzen – nicht durchstechen! – und den Magen von der derben Innenhaut zu befreien. Das geht mit etwas Übung recht gut. Herzen und Muskelmägen sind zumindest für Suppen oder Brühen willkommene Zusätze.

Von Baumgartner (1978) und Mitarbeitern wurden Kriterien der Fleischqualität mit anderen Geflügelarten verglichen. Es handelt sich dabei um Puten in zwei Gewichtsklassen (Minipute und Maxipute) sowie um den klassischen Broiler.

Im Prinzip liegen die Werte jeweils in einem engen Bereich, deren Rangfolge zweifelsfrei von der Methode der Untersuchungen abhängt. Die Feinheiten des Geschmacks sind hier nicht ermittelt. In gewissem Grade war der hohe Schenkelfettgehalt bei den Maxiputen zu erwarten. Die Wachteln sind eigentlich schon nicht mehr jung genug, weil das übliche Schlachtalter bei vier bis sechs Wochen liegt.

Vergleicht man Wachtelfleisch mit dem Fleisch anderer Geflügelarten, so ist logischerweise zu erwarten, dass es Unterschiede gibt. Jan Baumgartner hat in der Slowakei nach Unterschieden gesucht und Folgendes gefunden: Während das Brustfleisch der Wachteln und der Mastputen mehr Wasser enthielt, war es bei Broilern und Miniputen gerade andersherum festzustellen.

Tabelle 48:
Schlachtleistungsergebnisse bei 4, 5 und 6 Wochen alten Tieren. Einfluss der Rupfmethode (in g)

	28 Tage		35 Tage		42 Tage	
	männlich	weiblich	männlich	weiblich	männlich	weiblich
Lebendgewicht	227,4	242,6	238,6	280,0	315,1	344,9
entblutet*	221,0	237,8	233,6	271,9	308,2	329,1
abgezogen	171,3	193,6	184,1	212,3	239,5	267,0
gerupft	203,6	213,4	211,0	250,5	285,7	299,0
Kopf	10,4	9,7	9,9	10,2	13,3	13,5
Läufe	4,2	4,4	4,0	4,4	4,9	4,9
bratfertiger Rumpf	137,8	157,1	145,9	167,9	188,6	208,7
Brust	43,0	51,4	42,4	51,8	54,4	54,4
Keule	33,8	38,8	36,6	42,6	45,6	46,9
Flügel	9,4	10,0	10,2	11,0	12,6	12,4
Leber	5,2	5,5	5,0	6,9	6,5	7,6
Magen	4,4	5,0	3,3	5,0	4,6	4,8
Herz	2,6	2,6	2,7	4,1	3,4	3,9

* inkl. Kopfgewicht

Der Eiweißgehalt war bei allen Geflügelarten im Brustfleisch am höchsten. Der Energiegehalt war beim Broiler/Brathähnchen im Schenkel am höchsten und bei den anderen Formen war das Brustfleisch am energiereichsten. Bemerkenswert war, dass in allen Schenkelknochen mehr Rohprotein festgestellt wurde als in den Brustknochen.

Die Ergebnisse der Schlachtausbeute bei schwereren Fleischwachteln sind in Tabelle 48 aufgeführt. Es handelt sich dabei um Nachkommen der Probstheidaer Linie 09, die unter der Bezeichnung Linie 19 in Iden fortgeführt wurde.

Deutlich wird dabei: Rupfen liefert eine deutlich größere Masse an Fleisch und Haut, als sie vom abgezogenen Schlachtkörper zu erhalten ist.

Weitere Ergebnisse sollen die Variation der Werte bei verschiedenen Autoren zeigen. Der prozentuale Anteil des Schlachtkörpers zeigt teils deutliche Unterschiede.

Tabelle 49:
Schlachtkörperanteile bei 6 Wochen alten Fleischtypwachteln in g

	Lebendgewicht	Schlachtkörper	Hals	Füße	Abdominalfett	Herz
männlich	259,3	179,1	7,43	4,50	0,70	3,61
weiblich	283,6	184,5	7,02	4,88	0,74	3,16

Das Lebendgewicht und das Schlachtkörpergewicht zeigen bei den Hennen höhere Werte, wobei aber das Verhältnis der beiden Gewichte kleiner wird. Ist beim Lebendgewicht noch ein Unterschied von etwa 8,5 Prozent zu verzeichnen, sind es beim Schlachtkörperanteil nur noch 3 Prozent, die das Wachtelhuhn mehr wiegt.

Tabelle 50:
Verwertbare Anteile bei 6 Wochen alten Wachteln im Fleischtyp (alle Angaben in g)

	Keule				Brust		Sonst.
	Haut	Fett	Knochen	Muskelfleisch	Muskelfleisch	Haut	Flügel
männlich	1,99	1,84	3,31	14,03	23,53	3,99	6,95
weiblich	2,29	1,48	3,45	14,51	26,75	4,37	7,01

Aus den Untersuchungen der verschiedenen Autoren ergeben sich gewisse Unterschiede, aber das war zu erwarten. Schon die jeweilige Methode bringt durch unterschiedliche Schnittführungen deutliche Differenzen zutage.

Das zeigt, dass sich die Methoden der Behandlung durch die einzelnen Untersucher unterschieden.

Wachteln werden nicht sehr alt und abgelegte Zuchthennen geben in der Regel noch gut bratbare Schlachtkörper ab. Daher ist also nicht nur das Jungtier, sondern auch das Alttier für die Schlachtausbeute von Bedeutung.

Tabelle 51:
Vergleich der anatomischen Verhältnisse bei Jung- und Altwachteln (Amano und Watanabe 1967)

	Hahn				Henne			
	alt		jung		alt		jung	
(Gewichte in g)	Ø	%	Ø	%	Ø	%	Ø	%
Gewicht	102,2	100	88,0	100	123,8	100	91,6	100
Schlachtkörper	62,9	61,6	53,9	61,4	63,2	51,5	54,2	59,5
Leber	2,1	2,1	2,1	2,4	3,5	2,9	2,5	2,8
Gonaden	2,5	2,5	2,2	2,5	7,2	6,2	0,43	0,44
Innereien	4,5	7,4	6,9	7,8	11,3	9,1	8,4	9,4

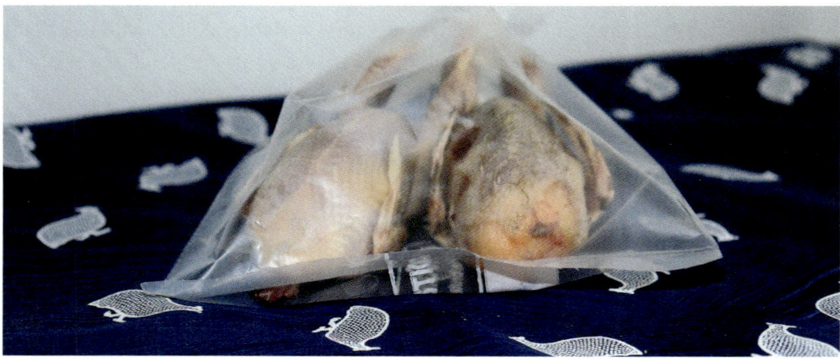

Fertig verpackte Wachtel-Schlachtkörper für den Verkauf. Geschlachtete Wachteln lassen sich gut einfrieren und sind dann jederzeit bereit für den Abverkauf an Endverbraucher oder gehobene Gaststätten.

Die Schlachtkörpergewichte sind bei den Hähnen absolut niedriger, aber relativ höher. Die Ursache für dieses Phänomen liegt im relativ hohen Gewicht des Legeapparates der Althennen im Vergleich zu den Hähnen und den Junghennen. Während die Legeorgane bei Zuchthennen 7,2 g wiegen, haben die Junghennen weniger als ein halbes Gramm davon und die Hoden der Hähne kommen auf 2,5 bzw. 2,4 g.

Nischenproduktion mit Wachteleiern und Wachtelfleisch

Wesentliche Voraussetzung für eine effektive Wachtelproduktion von Eiern oder Fleisch ist die vorherige Abklärung des Absatzes und der nötigen Konditionen einschließlich des zu erzielenden Preises, weil selbst bei Wachteln einige Cent mehr oder weniger über Erfolg und Misserfolg entscheiden können. Das Management muss auch bei der Arbeit mit einem so kleinen Hühnervogel stimmen.

Wie bereits erwähnt, sollten für die jeweiligen Produktionsrichtungen spezifische Linien benutzt werden. Die Allroundwachtel gibt es genauso wenig wie das Universalhaushuhn, das beiden Nutzungsrichtungen voll Rechnung tragen könnte. Es ist also wichtig, leistungsdefinierte Wachteln einzusetzen.

Wachteleierproduktion

Die Vermarktung von Wachteleiern ist nicht mit dem ausgeklügelten System in der Legehennenhaltung vergleichbar. Beim Wachteleierabsatz dominiert die Selbstvermarktung. Oftmals sind die Wachteleier ein interessantes Mitbringsel vom Hofladenbesuch.

Es ist nicht so, dass alle Wachteln grundsätzlich ausgezeichnete Leistungen bringen.

Hier ein Beispiel aus dem Legewachtelbereich: Eine Wachtelpopulation, über zehn Jahre (etwa 25 bis 30 Generationen) ohne Selektion (OS) auf Legeleistung gehalten, wurde mit der Leistungsfähigkeit einer entsprechend selektierten Linie (LS) verglichen. Dabei wurden Legeleistung, Einzeleimasse, Körpermasse und Anzahl verkaufsfähiger Eier erfasst.

Die untersuchten Tiere wurden als Küken mit Putenstarterfutter gefüttert, im Alter von 21 Tagen beringt und ab dem 42. Lebenstag paarweise in Käfigen untergebracht. Die Legehennen erhielten Legehennenfutter. Bis zum 200. Lebenstag erfolgte die Kontrolle der Legeleistung. Die durchschnittliche Einzeleimasse wurde während der Bruteiersammelperiode aus zwölf bis 15 Eiern je Henne erfasst. Die Ergebnisse der einzelnen Leistungsparameter sind in der Tabelle 52 dargestellt.

Tabelle 52:
Vergleich der Ergebnisse zweier Wachtellinien

Merkmal		Linie	
		LS*	OS**
Körpermasse, 42. Lebenstag	g	128	137
Legeleistung	St.	138	116
Einzeleimasse Æ	g	10,9	11,2
verkaufsfähige Eier	St.	130	105
Anteil verkaufsfähiger Eier	%	94,2	90,5

* LS = Linie auf Legeleistung selektiert, ** OS = Linie ohne Selektion

Die Selektion des Wachteleierproduzenten beschränkte sich bei der Linie eines Produktionsbetriebes, hier OS (ohne Selektion) genannt, lediglich auf eine Auswahl größerer Eier für die Brut, was sich auch in der leicht höheren Einzeleimasse bei dieser Linie zeigt. Mit diesem Auswahlsystem, nach dem Größeren zu greifen, ist die gleichfalls höhere Körpermasse erreicht worden. Ebenso führt eine derartige Selektion zu einem höheren Gewicht der Legewachteln.

Tabelle 53:
Deckungsbeitragsrechnung bei Legewachteln

Marktleistung (10 Cent je Ei)	130 Eier	105 Eier
Erlös aus Eiern in 5 Legemonaten	13,00 €	10,50 €
Schlachterlös	0,30 €	0,30 €
Gesamteinnahmen/Tier	13,30 €	10,80 €
Bestandsergänzung, Zukauf	2,00 €	
Verluste (2,5 % je Monat)	0,25 €	
Futterkosten	1,40 €	
Käfig/Stall	0,30 €	
Heizung/Wasser/Reinigung	0,25 €	
Vermarktungskosten inkl. Verpackung	2,15 €	
Kosten gesamt	6,35 €	
Deckungsbeiträge		
je Tier	6,95 €	4,45 €
je Ei	0,0535 €	0,0424 €
je Arbeitsstunde (400 Hennen/1 h/Tag)	18,53 €	11,87 €

Oft wird Größe mit allgemeiner Leistungsfähigkeit verwechselt und letztlich werden daraus falsche Schlussfolgerungen gezogen. Deutlich zeigt sich die geringere Legeleistung der nicht auf dieses Merkmal selektierten Linie.

Der Anteil verkaufsfähiger Eier ist bei der unselektierten Linie, bedingt durch Eier mit Kalkablagerungen bzw. schalenlose Eier, noch reduziert. Das ist ebenfalls ein Zeichen für nicht durchgeführte Einzeltierkontrolle.

Die unterschiedlichen Leistungen schlagen sich auch in einer Deckungsbeitragsrechnung deutlich nieder (Tabelle 53).

Hier sind fünf Legemonate zugrunde gelegt, eine Zeitspanne, die durchgängig hohe Legeleistungen erwarten lässt und den Realitäten einer Nutzungsperiode in der Praxis nahe kommt. Allerdings sind auch Legeperioden von acht Monaten erreichbar. Dadurch lässt sich der Ertrag verbessern, wenn auch die Verluste im vorgegebenen Rahmen bleiben. Die hier angegebene Zahl von 400 Legehennen ist eine Menge, die nach eigenen Erfahrungen in Großstadtnähe einen Absatz über weite Strecken des Jahres garantiert.

Absatzspitzen werden zu Ostern, Pfingsten und Weihnachten erreicht. Gezielte Werbung weckt und entwickelt jedoch das ganze Jahr über Bedürfnisse bei den Konsumenten. Mithilfe der Deckungsbeitragsrechnung sollten Sie Ihre Produktionskosten stets genau im Blick behalten.

Wichtig ist der Preis, denn er entscheidet letztlich alles. Bei gleichen Kosten, aber angenommenen 15 bzw. 20 Cent Erlös je Ei steigt der Deckungsbeitrag (130 Eier) auf 13,45 bzw. 19,95 Euro je Tier

Ohne Zweifel: Ostern ist das klassische „Eierfest“. Dass man dann auch gut Wachteleier absetzen kann, ist sicher keine Frage. Schon die Färbung fordert zum Kauf auf. Vor und während des Osterfestes ist der Absatz so gut wie sicher. Normal ist dabei eher ein Mangel als ein Überschuss an Wachteleiern.

Das Problem ist aber: Für eine wirtschaftliche Produktion muss ich Anhaltspunkte für die Verteilung des Bedarfs haben. Was wird wann benötigt und auch gekauft? Die nächste Frage geht in Richtung Werbung. Da ist die Zielstellung klar: Bedürfnisse müssen entwickelt und unterstützt werden.

Man muss also daneben auch andere Anbieter beobachten, wie sie das tun. Das Ergebnis muss dann mit eigenen Gedanken und Ideen umgesetzt werden.

Natürlich ist es richtig, sich selbst ein Bild zu machen. Eine Übersicht über den Wachteleierabsatz der Wachtelzucht der Landesanstalt für Landwirtschaft in Iden im Laufe eines Jahres soll das demonstrieren.

Es zeigen sich Spitzen um die Osterzeit, um Pfingsten, weiterhin im Oktober (Erntedankfest/Tag der Deutschen Einheit) und am Jahresende (Weihnachten/Silvester). Teils kann man auch regionale Besonderheiten sowie Sitten und Gebräuche für den Absatz nutzen.

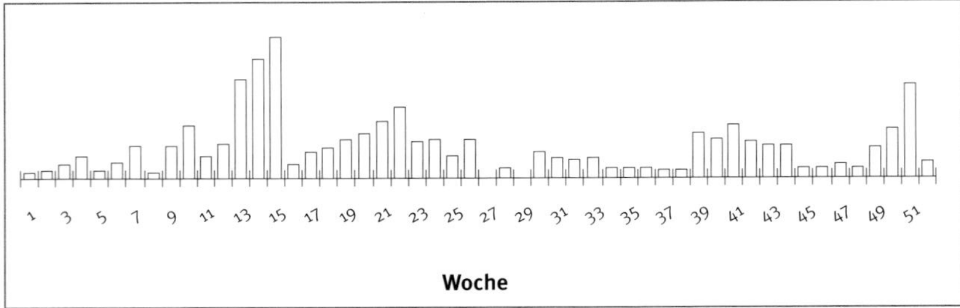

Variation des Wachteleierabsatzes im Laufe eines Jahres.

Es wird ein Produktionssystem mit zwei nacheinander liegenden Produktionsherden vorgeschlagen (A, B, siehe nächste Grafik), wobei die Produktionsherde B etwa bis Pfingsten gehalten werden kann. Am Jahresende kann es zu einer kürzeren Überlappungsphase kommen. Im Laufe des Sommers kann die Herde noch zusätzlich verdünnt bzw. bei Bedarf ausgestallt werden, falls keine eigene Reproduktion notwendig ist.

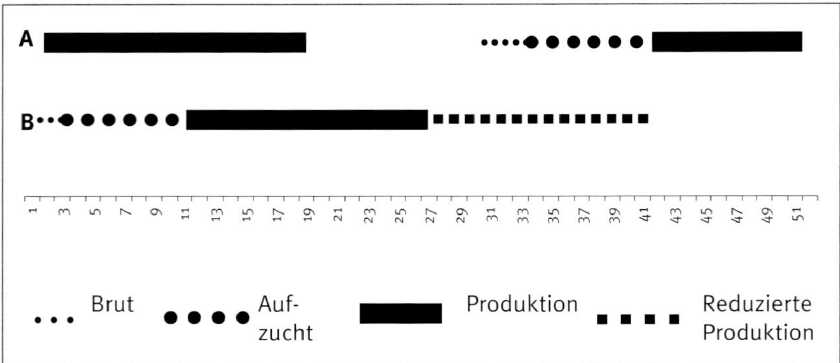

Einfaches Produktionszyklogramm für die Legewachtelhaltung.

Der gesamte Aufwand ist ohne eigene Reproduktion geringer, wenn legereife Hennen preisgünstig (etwa 1 Euro) zugekauft werden können.

Für die Zeiten, in denen Wachteleier anfallen, aber nicht ausreichend abgesetzt werden können, muss man sich etwas einfallen lassen. Möglich ist es, Soleier in kleineren Gläsern zu konservieren und dann in Spitzenzeiten, wenn es vor allem um das Ei geht, anzubieten. Das Ausblasen der Wachteleier ist zwar etwas komplizierter als das von Hühnereiern, lässt sich aber durch Nutzung eines Kleinkompressors und von stärkeren Kanülen ganz flott erledigen. Diese Eier kann man so, wie sie sind, mit einem Faden versehen und für den Schmuck der Ostersträuße anbieten oder man färbt sie vorher noch mit den bekannten Eierfarben. Durch das vorhandene Muster ergeben sich ausgesprochen schöne Farbvarianten und -kombinationen. Übrigens sind Wachteleier aufgrund ihrer stabilen Eihaut bei längerer Lagerung weniger empfindlich als die Eier anderen Geflügels.

Da es für die Wachteleiervermarktung keine gesetzlichen Grundlagen gibt, wie das für Hühner- und Enteneier der Fall ist, kann man auf eine Passage aus einer Publikation der FAO von 1994 verweisen. Demnach kann man Wachteleier 60 Tage im Kühlschrank bei 5 °C lagern. Dabei wurden keine statistisch zu sichernden Qualitätsveränderungen an Dotter und Eiklar festgestellt. Dies resultiert aus einer dickeren Schalenmembran der Wachteleier im Vergleich zu Hühnereiern. Wachteleier sollten am besten kühl gelagert werden, um die Qualität möglichst lange zu erhalten.

Wichtig zu wissen: Wachteleier kann man im Kühlschrank bei +5 °C 60 Tage lang sicher lagern.

Als Extremwert wird mitgeteilt, dass Eier mit absolut intakter Kutikula (Fettschicht über der Kalkschale) bei Kühlschranktemperatur 120 Tage und bei 22 bis 31 °C über 60 Tage gelagert werden konnten. Im Institut für Geflügelwirtschaft in Nitra (Slowakei) lagerte Baumgartner (1993) Wachteleier zehn Wochen ohne nennenswerte Qualitätsverluste bei einer Temperatur von 5,1 °C und 76 Prozent relativer Luftfeuchtigkeit. Der Gewichtsverlust belief sich auf 0,87 g je Ei (= 8,96 Prozent) bei einem Startgewicht der Eier von 9,78 g.

Legewachteln halten etwa fünf bis sechs Monate eine intensive Legeleistung durch. Danach nimmt die Leistung mehr oder weniger ab, was nicht heißen soll, dass die Legeintensität sofort aufhört. Es gibt eine nicht geringe Zahl an Tieren, die ein ganzes Jahr lang jeden Tag ein Ei legten!

Wachtelfleischproduktion

Für Mastwachteln sieht der Markt fast besser aus als für Legewachteln. Es gibt keine Festtagsbindung wie beim Wachtelei oder etwa bei der Weihnachtsgans. Nicht zu vergessen ist der Bedarf an lebenden Wachteln für die Volierenhaltung. Da beginnt das Interesse der Käufer beim Eintagsküken und es gibt auch nicht wenige Interessenten, die sich für abgelegte Tiere interessieren, die sie nach kurzer Aufmast schlachten bzw. noch weiter legen lassen. Abgelegte Hennen sind meist am billigsten zu bekommen.

Zum Verkauf werden Wachteln gerupft oder abgezogen und in der Regel ausgenommen dem Kunden angeboten. Dem Verkauf lebender Wachteln zum Schlachten steht nichts im Wege. Die Preise liegen bei etwa 10 bis 12 Euro je kg oder bei etwa 1,5 bis 2 Euro je Mastwachtel bei einem Gewicht von etwa 160 bis 200 g je Schlachtkörper, das sind annähernd sechs Wachteln je kg.

Eine Einschränkung beim Produzieren von Wachtelfleisch gibt es, und das ist die Geflügelfleischhygieneverordnung, die nicht wenige Auflagen beinhaltet, die teuer sind und sich für eine Kleinhaltung von Wachteln nicht rentieren – schon gar nicht, wenn als einziges Geflügel nur Wachteln geschlachtet werden sollen. Wenn aber Wachteln in einer Anlage geschlachtet werden können, wo auch anderes Geflügel steht, ist das eher wirtschaftlich günstig, weil die fragliche Anlage dadurch vielleicht besser ausgelastet werden kann.

Die Geflügelfleischhygieneverordnung ist beim Schlachten unbedingt zu beachten. Das günstigste Schlachtalter bei weiblichen Masttieren liegt bei fünf Wochen. Schlachtkörper kann man gut einfrieren und dann bei Bedarf für den Verkauf abrufen.

Mit oben genannter Verordnung sollte man sich vorher beschäftigen, zumal es immer wieder Ergänzungen dazu gibt, und sich mit dem zuständigen Amtstierarzt beraten.

Ein wesentlicher Vorteil bei der Vermarktung von Wachtelfleisch gegenüber der Wachteleierproduktion besteht darin, dass man Fleisch auch über mehrere Wochen tiefkühlen kann. Überbestände, die aus den verschiedensten Gründen auftreten können, kann man im Wesentlichen verlustfrei abbauen. Wachteleier erfordern da mehr Aufwand, aber es gibt auch dafür Lösungen. Wichtig ist natürlich auch beim Wachtelfleisch, dass sich die Arbeit lohnt. Eine Deckungsbeitragsrechnung (Tabelle 54) gibt da schnell Auskunft.

Tabelle 54:
Deckungsbeitragsrechnung bei Mastwachteln

Marktleistung bratfertiger Rumpf	€ 1,50	€ 2,00
Tiereinsatz (eigene Nachzucht)	0,30	0,30
Verluste (4 %)	0,01	0,01
Futterkosten (6 Wochen)	0,32	0,32
Stall/Haltung	0,02	0,02
Heizung/Wasser/Reinigung	0,10	0,10
Schlachtung/Vermarktung	0,36	0,36
Kosten gesamt	1,11	1,11
Deckungsbeiträge		
je Mastwachtel	0,39	0,89
je Mastplatz und Jahr*	3,12	7,12
je Arbeitsstunde**	11,70	26,70

* 8 Mastdurchgänge; ** 1 Akh/30 Wachteln

Die Ergebnisse zeigen günstige Gewinnmöglichkeiten. Der erlöste Preis entscheidet über den Erfolg.

Eine Aufmast von Legehähnchen bringt trotz längerer Mastperiode keine gut fleischigen Schlachtkörper. Der Futteraufwand erreicht Werte, die nicht mehr akzeptabel sind. Man sollte die Jungtiere möglichst zeitig (Nutzung der Kennfarbigkeit) nach dem Geschlecht sortieren und bald absetzen. Dabei ist der Markt nicht sehr groß und geht vom Futtertier für diverse Volieren- und Zootiere bis zum Verkauf für eine kurze Haltung (maximal bis zur Geschlechtsreife) in kleinen Partien an diverse Feinschmecker für eventuelle Suppenwachtelgerichte.

Mastwachteln werden mit vier bis sechs Wochen geschlachtet. Bei den weiblichen Tieren ist im Sechs-Wochen-Alter schon ein gut entwickelter Legeapparat vorhanden. Das erfordert letztlich einen höheren Futterbedarf. Es erscheint daher günstig, die weiblichen Masttiere spätestens mit fünf Wochen zu schlachten.

Eierproduktion mit Fleischwachteln

Immer wieder wird die Frage nach der Größe der Legehennen gestellt. Klar ist, dass mit einer Gewichtszunahme des Legetieres auch eine Vergrößerung der Eier einhergeht. Daraus folgt natürlich, dass diese schwereren Leger eigentlich auch mehr fressen müssen. Unabhängig davon gibt es auch Legewachteln, die bei entsprechendem Gewicht schwerere Eier legen. Die Selektion macht so etwas möglich.

Zur Klärung der Frage, ob schwere oder leichte Leger genutzt werden sollten, hier ein Vergleich zwischen zwei Typen (Lege- bzw. Fleischwachtel) mit je zwei Linien und zwei Futtermitteln (Tabelle 55).

Tabelle 55:
Futtermenge je Tier und Tag für Lege- und Fleischwachteln bei zwei Fertigfuttermitteln aus der Hühnerfutterpalette

Typ	Legewachteln		Fleischwachteln	
Linie	614	123	19	99
Maßeinheit	(g)	(g)	(g)	(g)
Sorte A	32,5	30,2	42,1	42,1
Sorte B	32,2	29,7	44,0	44,8
ø A + B	32,4	29,9	43,1	43,4

Die Unterschiede zwischen den Futtermitteln sind bei den Legewachteln geringer als bei den Fleischwachteln, wobei sich die Tendenz andeutet, dass die Wirkung bei Lege- und Fleischwachteln in der Rangfolge reziprok ist. Die Unterschiede im Futterverbrauch sind nur zwischen den Lege- und den Fleischwachteln signifikant, wie es auch zu erwarten war.

Ein Einfluss des Gewichts liegt innerhalb der Kategorien nicht vor, da sowohl die beiden Legewachtellinien als auch die beiden Fleischwachtellinien jeweils fast identische Gewichte haben. Auch scheinbare Kleinigkeiten können wichtig werden.

Tabelle 56:
Futterverbrauch je g produziertes Eigewicht

Typ	Legewachteln		Fleischwachteln	
Linie	614	123	19	99
Maßeinheit	(g)	(g)	(g)	(g)
Sorte A	3,26	3,09	5,00	3,94
Sorte B	2,99	3,31	3,87	4,05
ø A + B	3,13	3,20	4,39	3,99

Die Tabelle zeigt deutlich, dass je Ei bei den Legewachteln weniger Futter notwendig ist als bei den Fleischwachteln. Bei Zugrundelegung der Eizahl, statt des in der Geflügelwirtschaft üblichen Eigewichts, verändert sich die Situation noch mehr zu Ungunsten der Fleischwachteln. Während bei den Legewachteln 29 bis 32 g Futter je gelegtes Ei notwendig waren, erhöhte sich der Bedarf auf 49 bis 57 g je Ei bei den Fleischwachteln. Die Unterschiede fallen deutlicher aus, da die Eier der schwereren Fleischwachteln etwa 13 bis 14 g wiegen und die der Legewachteln 10 bis 12 g. Es ist also nicht zu empfehlen, mit Fleischwachteln gezielt eine Eiproduktion zu betreiben. Wenn man Fleischwachteln hält und die anfallenden, nicht für Brutzwecke benötigten Eier vermarktet, ist das natürlich anders zu sehen und ist letztlich eine akzeptable Lösung. Da Eier von Fleischwachteln schwerer sind als Eier von Legewachteln, kann man das eventuell auch preislich zum Ausdruck bringen.

Es lohnt sich nicht, mit Fleischwachteln gezielt eine Eierproduktion zu betreiben. Überzählige Eier aus der Produktionslinie lassen sich dennoch gut vermarkten.

Beispiele für eine Wachtelhaltung zur Nischenproduktion

Beispiel 1:
Zukauf von 50 legereifen Wachtelhennen, die bei einer angenommenen Legeleistung von 80 Prozent täglich verkaufsfähige 40 Eier liefern und pro Woche folglich 280 Eier.

Wichtig ist der Zeitpunkt der Einstallung. Empfehlenswert wäre ein Termin mindestens vier Wochen vor Ostern für legereife Hennen. Bekommt man drei bis vier Wochen alte Tiere, muss man noch einen Monat früher einstallen. Es empfiehlt sich, keine Hähne mitzunehmen. Die Hennen legen ohne Hahn, auch wenn die Wachtelverkäufer gern etwas anderes sagen.

In der Sommerferienzeit ist meist „Saure-Gurken-Zeit", also weniger abzusetzen. Man kann in diesem Fall reduzieren, mindestens auf 50 Prozent. Das hängt ganz von der Situation ab und von der Kundschaft. Dadurch hat man immer ein paar Wachteleier in der Auslage oder im Angebot. Für kleine Feste in der Urlaubszeit hat man etwas da und man bleibt als Wachteleierlieferant im Gespräch. Mit diesem Bestand kann man noch die Feste im Herbst wie das Erntefest oder Kirchweih beliefern. Mit guten Legern und sehr guter Haltung kann man noch den erhöhten Bedarf am Jahresende bedienen.

Es ist empfehlenswert, mit Legewachteln zu produzieren. Fleischwachteln haben einen höheren Erhaltungsbedarf und legen weniger. Der Einkaufspreis für die Legetiere sollte bei maximal 1,50 € liegen.

Der Aufwand an Ausrüstungsgegenständen ist denkbar gering. Neben einem temperierten Raum, der eine Regulierung des Lichtes ermöglicht, benötigt man ein bis zwei Tränken mit je 2 bis 3 Liter Wasser und einen Futtertrog mit etwa 1 m Länge. Außerdem wird ein Futtermittel benötigt. Am günstigsten ist dabei Legehennenfutter. Das gibt es in guter Qualität und in der Regel preisgünstig.

Beispiel 2:
Es gibt Feinschmecker, die die Wachtel bevorzugen und selbst zum Weihnachtsfest nicht nach der Weihnachtsgans von der grünen Wiese greifen, sondern Wachteln mögen. Bei guten Restaurants finden sich zuweilen Kunden ein, die Wachteln mögen, und dann ist auch die Gaststätten- und Hotelbranche an Wachteln interessiert.

Diese Kundschaft kann man als Abnehmer gewinnen und wenn diese mit gefrosteter Ware einverstanden sind, die im Prinzip gereift ist und eigentlich das Beste bietet, lässt sich eine Wachtelfleischstrecke aufbauen.

Es bietet sich an, Wachtelküken vom Händler oder Brutbetrieb zu kaufen. Man kann aber, bei ausreichender Abnahme und ausreichender Kundschaft, eventuell die Nutzung von Kühltransportunternehmen überdenken und in größerem Stil arbeiten.

Mit einem Elterntierbestand vom Masttyp, wobei an zwei Linien zu denken ist, werden Bruteier produziert, die ausnahmsweise auch mal als Ei verkauft werden können.

Man rechnet mit etwa 50 bis 60 Prozent Schlupf in Relation zur Zahl der bebrüteten Eier. Für den Schlupf von 200 Küken je Woche muss man 400 Eier in den Brutschrank geben. Die notwendigen 400 Eier je Woche erhält man sicher, wenn je Tag 60 Eier anfallen. Bei einer Legeleistung von etwa 70 Prozent muss man 85 bis 90 Hennen einstallen, und natürlich müssen bei einem Hahn-Hennen-Verhältnis von etwa 1 : 3 zwischen 25 und 30 Hähne eingesetzt werden. Der Hinweis, mit zwei Stämmen oder Linien zu arbeiten, resultiert aus dem dabei zu erwartenden Kreuzungseffekt. Die Wahrscheinlichkeit, stabilere sowie gleichmäßiger und schneller wachsende Küken zu bekommen, ist dabei größer.

Eine Möglichkeit besteht auch in dem regelmäßigen Zukauf der nötigen Hähne. Man reproduziert nur die Hennenlinie selbst.

Bei einer wöchentlichen Einlage empfiehlt es sich, zwei Brutschränke zu nutzen. Einer ist für die Vorbrut und einer für die Schlupfbrut nötig. Ansonsten reicht ein universell einsetzbarer Brutschrank mit einem dreiwöchigen Abstand von Schlupf zu Schlupf. Die Grenze für das Bruteiersammeln liegt bei drei Wochen. Kombiniert man diese Variante mit der Möglichkeit, Frostware abzusetzen, ist das günstig. Trotzdem ist der Ausrüstungsaufwand bedeutend höher als bei Beispiel 1. Für die Zuchttiere ist ein Abteil nötig. Falls man die zwei Linien selbst vermehrt, ist für diese je ein Stamm unterzubringen. Der Aufwand an Gerätschaften für die Elterntiere, die Küken bzw. Jungtiere ist wesentlich größer als bei Beispiel 1. Ebenso muss man höhere Energiekosten durch Brut und Aufzucht einplanen. Nicht zuletzt ist es nötig, mindestens drei verschiedene Futtermittel bereitzuhalten. Das wären Kükenstarterfutter (am besten aus der Putenhaltung), Scharrgeflügelmastfutter (Putenendmastfutter bzw. Broiler-/Hähnchenmastfutter) für die Endmast der Jungtiere und Legehennenfutter für die Elterntiere und möglicherweise für die beiden Stammherden.

Es muss also abgewogen werden, was sich lohnt. Eine Deckungsbeitragsrechnung ist dabei hilfreich.

Material für die Wachtelhaltung

Bei der Haltung von Wachteln ist die Zahl der „Ausrüster“ bedeutend kleiner als bei anderen Tierarten. Trotzdem gibt es ausreichend Anbieter im Handel, die über das Internet erreichbar sind. Für die Verpackung von Wachteleiern und Wachtelfleisch gibt es eine breite Palette, speziell für die Eiervermarktung. Sie reicht von Schachteln aus Pappe bis zu Kunststoffklarsichtverpackungen in verschiedenen Größen. Auch ein Blick in Länder wie Frankreich, Spanien oder Italien lohnt sich dabei. Wenn man Produktionsverbände integriert ist, gibt es in der Regel Vorschriften für die Art der Verpackung, wie das bei Ökoverbänden üblich ist.

Zum Problem kann die Tierbeschaffung werden. Es gibt zwar genügend Anbieter von Wachteln und Bruteiern, aber keine Garantie, dass dann auch für den jeweiligen Zweck (Eiproduktion, Fleischproduktion) die richtigen Tiere bereitstehen. Man sollte sich keineswegs Wachteln für den Aufbau einer eigenen Zucht schicken lassen, ohne die Herkunft genau zu kennen. Es kann sich dabei um Händlerware handeln, die aus verschiedenen Herkünften stammt. Man kann viel Geld sparen, wenn man sich im Vorfeld selbst gut informiert.

Für den Verkauf von Wachteleiern gibt es sowohl Pappgebinde als auch durchsichtige Verpackungen in verschiedenen Größen. Über das Internet findet man dafür Anbieter.

Während der Tiertransport zuweilen sehr aufwendig wird, bekommt man Bruteier sehr viel einfacher. Der Transport geht relativ schnell und sicher mit der Post.

Eine noch zu wenig genutzte Möglichkeit zur Information ist die Nutzung von Kleintiermärkten. Sie haben eine große Anziehungskraft, zeigen vieles und schaffen Kontakte zu Züchtern oder Produzenten. Es gibt Beispiele, wo derartige Märkte fast ganzjährig stattfinden.

Bezugsadressen für Wachtelproduktionsverpackungen findet man im Internet.
Küken für den beabsichtigten Produktionszweck sollten am besten nur von persönlich bekannten Wachtelhaltungen bezogen werden.

Ökologische Wachtelhaltung

Eine spezielle Strecke der Wachtelhaltung liegt im ökologischen Bereich. Hier empfiehlt es sich, die Zucht selbst zu betreiben oder in echter Kooperation das mit anderen Wachtelproduzenten zu erledigen. An sich ist die Öko-Variante leicht einzuführen. Da man mehrere Generationen je Jahr ziehen kann, hat man bei einem Start mit konventionellen Tieren nach wenigen Wochen lupenreine „Ökowachteln".

Kauft man beim Start konventionelle Bruteier zu und zieht die anfallenden Küken nach den Ökoprinzipien auf, also mit entsprechendem Futter und Haltungsbedingungen, hat man schon die erste Ökostufe erreicht. Alle weiteren Generationen sind dann ebenso zu behandeln und das Ziel ist erreicht.

Auf Kleintiermärkten werden regional auch Wachteln zur Zucht und zum Schlachten angeboten.

Öko-Wachteln sind eine interessante Nische der Wachtelhaltung. Die Vorgaben der Verbände und eine EU-Richtlinie dazu sind strikt zu beachten, sonst verliert man den erwünschten Öko-Status sehr rasch wieder.

Das erfordert aber Kenntnisse in der Zucht. Es geht nicht, zur „Blutauffrischung“ irgendwelche Bruteier oder Wachteln einzufügen. Derartiges Handeln führt zum Status „Null“ für die ökologische Haltung.

Die Vorgaben für die Öko-Wachtelhaltung sind weniger unterschiedlich von den einzelnen Ökoverbänden formuliert, als das für eine Reihe anderer Produkte zutrifft.

Von der EU gibt es seit 2000 eine Richtlinie über die ökologische Tierhaltung bzw. die tierische Veredlung. Darin ist eine Reihe von Punkten festgelegt, die europaweit als Mindestanforderung beachtet werden müssen. Sie beinhalten auch das Verbot des Einsatzes von gentechnisch veränderten Futtermitteln. Herauszuheben ist die Tatsache, dass nach dieser Richtlinie Impfungen möglich sind mit der Maßgabe, dass die Wartezeiten verdoppelt wurden. Einschränkungen sind beim Impfstoffeinsatz zu beachten. Gleichermaßen wichtig ist die Erlaubnis, Mineralstoffe und Vitamine zusetzen zu dürfen. Erlaubt ist die Desinfektion von Ställen, das heißt: Einsatz von Desinfektionsmitteln.

Zusammenfassung

Die wichtigsten Werte und Faustzahlen sind in der Tabelle 57 zusammengefasst. Diese Werte resultieren aus eigenen Erfahrungen und Untersuchungen, die an der ehemaligen Landwirtschaftlichen Fakultät der Universität Leipzig und der Landesanstalt für Landwirtschaft des Landes Sachsen-Anhalt in Iden/Altmark vorgenommen wurden. Selbstverständlich sind diese Angaben weiter zu ergänzen.

Tabelle 57:
Übersicht über einige wichtige Daten der Wachtelhaltung

Rassen:	Legewachteln, 120 bis 150 g
	Mastwachteln, 250 bis 300 g
Legealter:	6 bis 7 Wochen
Alter bei Bruteigewinnung:	90 bis 150 Tage (optimal)
Legeperiode:	5 bis 8 Monate für wirtschaftliche Nutzung
Lebensdauer:	1 bis 2 Jahre bei Käfighaltung 2 bis 3 Jahre bei Bodenhaltung
Brutdauer:	17 bis 18 Tage
Brutanforderungen:	37,3 bis 37,8 °C während der Vorbrut (13 Tage) 37,3 bis 37,5 °C in der Schlupfbrut (4 Tage) 60 % relative Luftfeuchte während der Vorbrut 80 % relative Luftfeuchte während der Schlupfbrut CO_2 Gehalt bei maximal 0,3 bis 0,4 Vol.-Prozent
Eigewichte:	9 bis 12 g
Kükengewichte:	6 bis 9 g
Aufzucht:	auf Boden bzw. Gitterrosten mit 12 bis 15 mm Maschenweite
Aufzuchtwärme:	anfangs 34 bis 36 °C, täglich 1 °C weniger (bis 14. Lebenstag)
Platzbedarf:	1. bis 3. Woche: bis 120 Küken je m^2 (mind. 80 cm^2/Küken)
bei Fleischwachteln:	4. bis 6. Woche: bis 80 Küken je m^2 (mind. 125 cm^2/Küken)

Legehennen:	bis 80 bzw. 60 Küken je m^2 (125/170 cm^2/Küken)	
	mind. 250 cm^2 je Tier	
Licht/Beleuchtung:	Aufzucht:	20 h beim Schlupf
	Mastende:	14 h
	Legeperiode:	14 bis 16 Stunden täglich
Futter:	Küken:	Putenstarterfutter
	Masttiere:	Putenendmastfutter, Broilermastfutter
	Zuchtnachwuchs:	Junghennenfutter
	Legetiere:	Legehennenfutter
Futter/Rohprotein:	Küken:	26 bis 28 %
	Masttiere:	20 bis 22 %
	Zuchtnachwuchs:	16 %
	Legetiere:	18 %
Futter/Energie:	Küken:	11,0 bis 11,5 MJ/kg TS (Trockensubstanz)
	Masttiere:	11,5 bis 12,5 MJ/kg TS
	Zuchtnachwuchs:	11,0 bis 11,5 MJ/kg TS
	Legetiere:	11,0 bis 12,0 MJ/kg TS
Futterverbrauch (je Tier und Tag):	Küken:	1. bis 2. Wo.: 6 bis 14 g 3. bis 4. Wo.: 15 bis 25 g 5. bis 6. Wo.: 25 bis 30 g
	Legetiere:	25 bis 35 g
	Masteltern:	35 bis 45 g

Rezepte

Zum Abschluss noch einige Rezepte mit Wachteleiern und Wachteln. Es handelt sich dabei auszugsweise um Rezepte, die in einer Publikation der Landesanstalt für Landwirtschaft in Iden, Sachsen-Anhalt, zusammengestellt sind.

Sauer eingelegte Eier

Die notwendigen Arbeiten zur Herstellung sauer eingelegter Eier sind in der folgenden Verlaufsgrafik dargestellt:

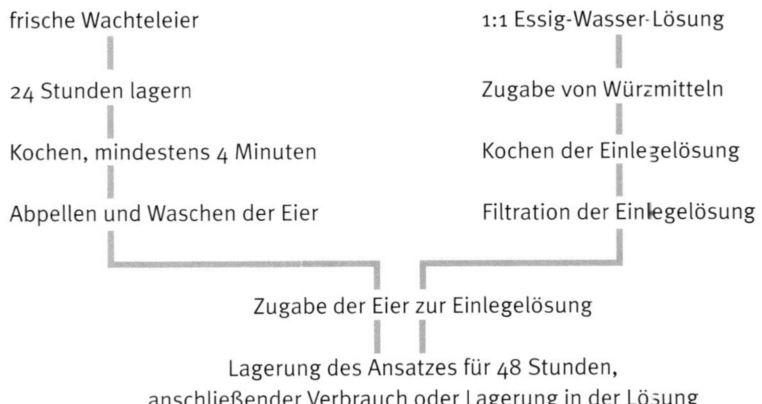

Wachteleiercocktail mit Kressemayonnaise

Zutaten: für 1 Person

- 1 große Tomate, geschält
- 3 Wachteleier
- 50 g Kresse
- 25 g Quark
- 25 g Mayonnaise
- Salz, Pfeffer, Zucker und
- Zitrone nach Geschmack

Zubereitung:

Eier 6 Minuten kochen. Nach dem Abschrecken die Eier pellen und vierteln. Nun die geschälten Tomaten entkernen, würfeln und vor dem Abtropfen würzen. Vermengen und würzen des Quarks und der Mayonnaise zu gleichen Teilen. Die verlesene Kresse waschen und gut abtropfen lassen. Danach die Kresse mit Quark und Mayonnaise pürieren.

Serviertipp: Tomatenwürfel in ein dekoratives Wein- oder Sektglas geben. Darauf die geviertelten Wachteleier verteilen und mit der Kressemayonnaise bedecken.
Die Zahl der Wachteln pro Person ist unterschiedlich. Sie berechnet sich aus der Größe der Tiere – und da gibt es unterschiedliche Erfahrungswerte.

Wachteleier auf japanische Art

Kalbjus naturel mit Sherry, Sojasoße, Chilies und Honig würzen, mit Arrowroot binden (eventuell auch mit Kartoffelstärke), vermischen mit Streifen von rotem Ingwer, über die hart gekochten, geschälten Wachteleier geben, in Näpfchen oder Porzellanschalen servieren.

Wachteln mit Mandarinen

Zutaten: für 4 Personen

- 5 Wachteln
- 150 g Butter
- 0,1 l Rotwein
- 0,1 l Apfelsinenlikör
- 5 Mandarinen
- 0,3 l Spanische Soße
- 1 Apfelsine
- Pfeffer
- Zitronensaft

Zubereitung:

Die Wachteln salzen, innen mit grob gemahlenem Pfeffer würzen und mit der Hälfte ausgelassener Butter in mittelheißer Röhre braten. Von Zeit zu Zeit begießen. Die knusprig gebratenen Wachteln herausnehmen und in einer feuerfesten Schüssel warm stellen.

Den Bratansatz mit Rotwein auflassen, Spanische Soße dazugießen, ein Stückchen Apfelsinenschale hineinreiben, dann mit abgeseihtem Apfelsinensaft und etwas Zitronensaft abschmecken, gut durchkochen und durch ein feines Sieb geben. Inzwischen die Wachteln mit geschälten Mandarinenvierteln garnieren und zusammen warm stellen. Kurz vor dem Anrichten von dem Bratensaft das überflüssige Fett abschöpfen, den Apfelsinenlikör dazugießen und einige Sekunden bei starker Hitze kochen, die Butter mit einem Schneebesen glatt rühren und über die Wachteln und Mandarinen gießen, zugedeckt einige Sekunden zusammen kochen und sofort heiß auf den Tisch bringen.

Wachteln nach Rohrbecker Art

Zutaten: für 4 Personen

- 8 küchenfertige Wachteln
- Olivenöl
- 1 bis 2 Knoblauchzehen
- Geflügelfond
- 1 Esslöffel Sahne
- 2 Esslöffel Mehl, Salz, Paprika

Zubereitung:

Die Wachteln würzen und im Olivenöl scharf anbraten. Die Knoblauchzehen zugeben und einige Minuten mitbraten. Nun wird mit Geflügelbrühe aufgefüllt und die Wachteln werden so bei schwacher Hitze gegart. Den Bratensaft durch ein Sieb gießen, nochmals aufkochen und die mit dem Mehl verquirlte Sahne hinzugeben. Die Wachteln mit dieser Soße überzogen anrichten und dazu Petersilienkartoffeln reichen.

Wachteln – Probstheidaer Art

Zutaten: für 4 Personen

- 8 Wachteln, zum Füllen vorbereitet
- Butter oder Margarine
- große Speckscheiben
- Sauerkirschen
- Salz, Pfeffer
- Rotkraut, Äpfel
- Kartoffeln für die Klöße

Zubereitung:

Die Wachteln zum Füllen vorbereiten. Mit Salz und Pfeffer einreiben und danach mit Sauerkirschen füllen. Die Brust der Wachteln mit dünnen Speckscheiben bardieren. Wachteln von allen Seiten anbraten. Anschließend Bratensatz mit Wasser löschen und während des Garprozesses mehrmals ein wenig Sauerkirschsaft über die Wachteln gießen. Soße aus dem Bratenfond bereiten. – Wachteln mit sächsischen Klößen (grüne Klöße) sowie Rotkohl (mit Apfel und Sauerkirschen verfeinert) servieren. Diese Art der Zubereitung war in der Familie des Autors über Jahre die Tradition für das Weihnachtsfestessen. Es gab für die Kinder nichts Schmackhafteres als Wachteln zum Weihnachtsfest, aber auch die Erwachsenen waren jedes Jahr wieder begeistert.

Die mit Sauerkirschen gefüllten und mit Speck umwickelten Wachteln sind in der Gegend von Probstheida ein Gourmet-Geheimtipp. Dazu werden sächsische grüne Klöße und mit Äpfeln sowie Sauerkirschen verfeinerter Rotkohl gereicht.

Wachteln auf französische Art

Zutaten: für 4 Personen

- 8 bis 10 Wachteln (je nach Größe)
- 8 Scheiben fetten Speck
- 0,5 l Weißwein
- 0,25 l saure Sahne
- Salz, Pfeffer, Thymian,
- Wacholderbeeren
- etwas Madeira und Zitronensaft

Füllung:

- 200 g fein geschnittener fetter, gekochter Schinken
- 200 g fein geschnittene
- Champignons oder Pfifferlinge

Zubereitung:

Die vorbereiteten Wachteln von außen mit Salz, Pfeffer, Thymian und zerquetschten Wacholderbeeren einreiben. Aus dem Schinken und den Pilzen eine Masse bereiten, diese mit den klein geschnittenen Innereien der Wachteln vermengen und damit die Tiere füllen. Die Wachteln mit Speckstreifen bardieren und in heißem Fett anbraten. Wenn sie gebräunt sind, mit dem Weißwein auffüllen. Nach 5 bis 10 Minuten die Wachteln wenden und unter häufigem Begießen fertig braten. Einige Minuten vor Ende der Bratzeit den Speck entfernen, die saure Sahne über die Wachteln gießen und mitbraten lassen. Dann die Soße mit Madeira und Zitronensaft abschmecken.

Garzeit: 50 bis 60 Minuten

Trinwillershagener Wachtelgericht

Zutaten: für 4 Personen

- 2 bis 3 küchenfertig vorbereitete Wachteln je Portion
- 125 g Bauchspeck
- 2 Esslöffel Margarine
- 300 g Sauerkraut
- 0,25 l saure Sahne
- 4 bis 6 Scheiben Weißbrot
- 1 Bund Petersilie
- Salz, Wacholderbeeren,
- Edelsüßpaprika

Zubereitung:

Die küchenfertig vorbereiteten Wachteln halbieren, leicht salzen, mit reichlich Edelsüßpaprika würzen und etwa 30 Minuten durchziehen lassen. Die Wachtelhälften in ausgelassenem, gewürfeltem Bauchspeck unter häufigerem Begießen anbraten, Margarineflöckchen, 10 zerdrückte Wacholderbeeren und das kurz geschnittene rohe Sauerkraut dazugeben, alles zugedeckt im eigenen Saft dünsten (wenn nötig, noch etwas Wasser zugießen). Die saure Sahne mit Edelsüßpaprika verrühren, zu den Wachteln mit dem Sauerkraut geben und alles nochmals gut durchdünsten. Das Weißbrot rösten, die Scheiben halbieren, jeweils eine halbe Wachtel darauf anrichten, mit dem Sahnesauerkraut abdecken und mit Petersiliensträußchen oder grob gehackter Petersilie garnieren.

Gebratene Wachteln mit Sauced bigarde

Zutaten: für 4 Personen

- 8 bis 10 Wachteln (je nach Größe)
- 8 bis 10 Scheiben fetter Speck
- 1 Bratengarnitur (geschälte Zwiebeln, gespickt mit Nelken und Lorbeerblättern)
- 160 g Fett (Butter oder Margar ne)
- Salz und Pfeffer

Zubereitung:

Wachteln leicht pfeffern, salzen und mit Speckscheiben bardieren. Die Wachteln im Fett scharf anbraten. Nun wird die Bratgarnitur zugegeben und mit etwas Flüssigkeit (Brühe oder Wasser) aufgefüllt. Die Wachteln werden so bei schwacher Hitze 50 bis 60 Minuten gegart.

Sauce bigarde: 4 Orangen, 1 Zitrone, 0,25l Wasser, 30 g Mehl, 10 g Zucker, 1 Liter Orangensaft, 2 Gläser Sherry
Orangen und Zitronen mit einem Schälmesser dünn schälen und in sehr feine Streifen schneiden, mit Wasser bedeckt einige Minuten kochen und auf einem Sieb abtropfen lassen. Das Mehl mit dem Zucker in der Butter braun rösten, den Bratenfond zu den Wachteln dazugeben und 10 Minuten kochen lassen, dann Orangensaft und Cherry zufügen und durchpassieren. Zum Schluss die Orangenstückchen hinzugeben und die Soße zu den Wachteln reichen.

Wachteln in Mandeloße

Zutaten: für 4 Personen

- 8 bis 12 Wachteln, bardiert
- 100 g Butter
- Salz, weißer Pfeffer,
- etwas Knoblauch und Weinessig
- fein gemahlene Mandeln,
- Sahne

Zubereitung:

Die Wachteln würzen, in zerlassener Butter bei schwacher Hitze etwa 20 Minuten garen. Die Wachteln sollen dabei keine Farbe nehmen. Zwischenzeitlich mit Knoblauch und Weinessig würzen und, wenn erforderlich, etwas Geflügelfond angießen. Dann Sahne und gemahlene Mandeln dazugeben und alles weitere 10 Minuten simmern lassen. Wachteln anrichten, mit der dicklichen Soße übergießen und mit Kartoffelbällchen und Chicoree-Orangen-Salat komplettieren.

Wachteln mit Weinbeeren

Gebratene Wachteln; Bratansatz mit Weißwein lösen, braune Wildsoße zugeben. Anrichten mit entkernten, abgezogenen, gedünsteten Trauben.

Wachteln Gourmet

Zutaten: für 4 Personen

- 8 bis 10 Wachteln (je nach Größe)
- 200 g Butter oder Margarine
- 2 Gläser Weinbrand
- 600 g kleine Champignons
- 0,5 l Rotwein
- Salz, Pfeffer, Thymian,
- 1 Lorbeerblatt
- 0,25 l saure Sahne

Zubereitung:

Wachteln in heißem Fett 5 bis 10 Minuten dünsten, mit Weinbrand übergießen und flambieren, Wachteln würzen, Champignons (ganz) und Lorbeerblatt hinzufügen und mit Rotwein auffüllen. Gericht zugedeckt bei schwacher Hitze gar ziehen lassen. Bratenfond mit saurer Sahne verfeinern.

Garzeit: 50 bis 60 Minuten

Wachteln auf Jesendorfer Art

Zutaten: für 4 Personen

- 100 g Bauchspeck
- 2 Esslöffel Margarine
- 0,2 l Weißwein
- 1 große Möhre
- 100 bis 150 g Sellerie
- 0,5 Stange Porree
- 0,5 Salatgurke
- 1 Bund Dill/Petersilie
- 0,25 l Sahne
- 1 Apfel
- Salz, Glutal, Speisewürze, Pfeffer

Zubereitung:

Sellerie andünsten, mit Glutal, 1 Teelöffel Speisewürze und ein paar zerdrückten Pfefferkörnern würzen, mit einer halben Tasse Wasser ablöschen, kurz aufkochen lassen, den Gemüseansatz zu den Wachteln geben und alles langsam gar dünsten. Die Sahne mit dem geriebenen Apfel verquirlen, an das fertige Gericht geben, mit gehackter Petersilie oder Dill verfeinern. Je Portion 2 bis 3 küchenfertig vorbereitete Wachteln einplanen. Die küchenfertig vorbereiteten Wachteln innen und außen leicht salzen und pfeffern, in der Hälfte des gewürfelten, ausgelassenen Specks anbraten (übergießen, ab und zu wenden), mit Weißwein ablöschen und zugedeckt dünsten lassen. Im restlichen Speck und der Margarine Streifen von Porree, geschälter Salatgurke (ohne Kerngehäuse) und Möhren dünsten und damit die zu Salzkartoffeln oder Kartoffelbrei servierten Wachteln abrunden. Natürlich können die Kartoffeln durch andere Beilagen ersetzt werden.

Wachteln auf Jägerart

Hart gekochte Wachteleier in Jägersoße geben, garnieren mit gedünsteten Champignonscheiben und gebratenen Geflügelleberstücken.

Gebratene Wachteln mit Weinbeeren

Zutaten: für 4 Personen

- 12 Wachteln, bridiert (in gewünschte Form gebracht) und bardiert (mit Speck umwickelt)
- Butter, Salz, weißer Pfeffer,
- Zitronensaft
- 400 g Weinbeeren, ohne Kerne, enthäutet
- 4 cl Weinbrand
- Fleischglace

Zubereitung:

Die Wachteln würzen und rasch in Butter braten. Nach etwa 15 Minuten herausnehmen und heiß stellen. Mittels Einstiche in die Schenkel wird der Garpunkt festgestellt. Tritt klarer Fleischsaft heraus, sind die Wachteln gerade richtig gebraten. Den Bratansatz mit Weinbrand ablöschen, die Weinbeeren und Fleischglace dazugeben und alles einige Minuten simmern lassen. Wachteln mit den Weinbeeren und dem Fond anrichten. – Mit Kartoffelkroketten servieren.

Wachteln „Hotel Warnow"

Zutaten: für 4 Personen

- 2 bis 3 küchenfertig vorbereitete Wachteln je Person
- 150 g Bauchspeck
- 0,6 cl Weinbrand
- 100 g Kräuterbutter
- 3 Esslöffel Öl
- 4 Äpfel
- 1 Zwiebel
- 3 Esslöffel Zitronensaft
- 0,25 l saure Sahne/Joghurt
- 1 Bund Dill/Petersilie
- Salz, Pfeffer, Worcestersoße
- Aluminiumfolie oder
- Pergamentpapier

Zubereitung:

Die küchenfertig vorbereiteten Wachteln innen und außen salzen, mit 1 Teelöffel Kräuterbutter füllen, mit Weinbrand beträufeln und auf der Brustseite mit dünnen Bauchspeckscheiben belegen. Jede Wachtel einzeln in ein entsprechend großes Stück leicht geölte Aluminiumfolie (oder in einen doppelt gelegten Pergamentpapierbogen) hüllen (päckchenartig: Verschluss nach oben, damit kein Saft ausläuft) und in der sehr heißen Röhre (auch im Grill bei etwa 250 °C) etwa 20 Minuten garen lassen. Auf einer Scheibe Toast anrichten und mit Apfelsalat servieren: Äpfel (ohne Schale und Kerngehäuse) und Zwiebeln in kleine Würfel schneiden, mit Salz, Pfeffer, Öl, Zitronensaft, Worcestersoße pikant abschmecken, $^1/_8$ l saure Sahne und etwas gehackten Dill dazugeben und alles gut durchziehen lassen. Den Rest der sauren Sahne mit gehacktem Dill verfeinern und als Soße reichen. Die so zubereiteten Wachteln können auch kalt, mit Gemüsesalat oder marinierten Pilzen, serviert werden.

Wachteln mit Weinbeeren

Zutaten: für 4 Personen

- 8 Wachteln
- 8 Gläser herben Weißwein
- 4 Gläser Traubensaft
- 8 Esslöffel Wildsoße
- Salz, Pfeffer, Paprika
- 10 Weinbeeren je Wachtel

Zubereitung:

Die bratfertigen Wachteln von innen mit Salz, Pfeffer und Paprika einreiben und in Butter etwa 10 Minuten von allen Seiten goldbraun braten. Mit Weißwein und Traubensaft löschen und mit Wildsoße abschmecken. Statt der Weinbeeren kann man auch Sauerkirschen – mit viel Zucker abgekocht – verwenden.

Wachteln mit Oliven und Salbei

Zutaten: für 4 Personen

- 8 bis 12 Wachteln, küchenfertig
- 100 g schwarze Oliven
- 2 Knoblauchzehen, geschält
- 1 Bund frischer Salbei
- 3 Esslöffel Olivenöl
- Salz, schwarzer Pfeffer
- Rosmarin
- 8 bis 12 Speckscheiben

Beilagen:

- Madeirasoße, Pfifferlinge in Dillrahm und Kräuterkroketten.

Zubereitung:

Die Oliven entsteinen. Die Knoblauchzehen in der Knoblauchpresse auspressen, den Knoblauchsaft zu den Oliven geben und im Mixer pürieren. Etwa 2/3 der Salbeiblätter hacken und zu dem Püree geben, den Rest mit Rosmarin hacken. Das Oliven-Kräuter-Püree mit Salz und Pfeffer würzen und in die Wachteln füllen. Die Wachteln mit der Brust nach oben in einen ausgebutterten Bräter legen, das restliche Püree über die Wachteln verteilen. Die so vorbereiteten Wachteln mindestens 6 Stunden im Kühlraum durchziehen lassen. – Bei Abruf pfeffern, salzen, mit Speckscheiben abdecken und etwa 15 Minuten in der Bratröhre bei 225 °C garen. Wenn erforderlich im Grill nachbräunen.

Diese würzigen Wachteln schmecken auch kalt mit Pilzsalat, Thymianschmalz und Baguette oder frischem Landbrot.

Alle Rezepte lassen sich selbstverständlich auch mit kleinen Änderungen kochen.

Fachliteratur

Kraszewska-Domanska, B.: Przepiorki. Lesne Verlag Warschau, 1978
Raethel, Dr. Heinz-Sigurd: Wachteln, Rebhühner, Steinhühner, Frankoline. Oertel+Spörer Reutlingen, 4. Auflage 2006
Shanaway, M. M.: Quail production systems. A review. Food and agriculture organization of the United Nations. Rome 1994
Thear, Katie: Keeping quail – A guide to domestic and commercial management. Broad Leys Publishing, 3. Edition 1999

Zeitschriften

Geflügelzeitung – Der Kleintier-Züchter: HK Hobby- und Kleintier-Züchter Verlagsgesellschaft mbH & Co. KG, Berlin – Reutlingen
Geflügel-Börse: Verlag Jürgens KG, Germering
Gefiederte Welt: Ulmer Verlag, Stuttgart
Country Garden & Smallholding: Broad Leys Publishing Co., Station Road, Newport, Saffron Walden

Internet-Adressen zur weiteren Information

www.wachtelei.de	Eier, Informationen
www.wachtelhaus.de	Eier, Eierverpackungen
www.bruja.de	Brutmaschinen, Ausrüstungen
www.wachtelei-spezialist.de	Eier, Eierverpackungen
www.umweltmedizin-heute.de	Eier, Informationen
www.mommert.de	Eier, Tiere
www.wachtelei.ch	Eier, Informationen
www.1ashops.eu	Eierverpackungen, Biofutter

Weitere aktuelle Züchter- und Händleradressen in Ihrer Nähe finden Sie im Internet unter dem Suchbegriff „Wachtelzucht in Deutschland“.

Literaturverzeichnis

Amano, T. und S. Watanabe (1967): Studies on the artificial insemination in Japanese quail. 1. On a method of semen collection and evaluation of semen. J. Agric. Sci., Tokyo Nogyo Daigaku 13. S. 59 bis 62
Baumgartner, J.; Czuka, J. and N. Zemanova (1978): Influence of mating ratio on egg fertility and hatchability in Japanese quail. Zivocisna Vyroba 23. S. 237 bis 240
Baumgartner, J. (1993): The influence of storage on Japanese quail. Zivocisna Vyroba 58. S. 277 bis 281
Blohowiak, C. C.; Dunnington, E. A.; Marks, H. L. und P. B. Siegel (1984): Body size, reproductive behaviour, and fertility in three genetic lines of Japanese quail. Poultry Sci. 63. S. 847 bis 854

CHENG, K. M. and M. KIMURA (1990): Mutations and major variants in Japanese quail. In: R. D. Crawford, Poultry breeding and genetics. Elsevier Science Publishers B. V. Amsterdam

DAMME, K. (1991): Gattungskreuzung zwischen dem Haushuhn (Gallus domesticus) und der Wachtel (Coturnix coturnix japonica). Arch. Geflügelk. 55. S. 127 bis 129

GEORGE, K. (1992): Siedlungsdichte der Wachtel Coturnix coturnix: Stand und Aussichten. Vogelwelt 113. S. 81 bis 89

JOHNSGARD, P. A. (1988): The quails, partridges, and francolins of the world. Oxford University Press, Oxford, New York, Tokyo

KREITZER, J. F. (1972): The effect of embryonic development in the thickness of the egg shells of Coturnix quail. Poultry Sci. 51. S. 1764 bis 1765

KRONACHER C. (1924), Allgemeine Tierzucht. Paul Parey Verlag, Singhofen

KÖHLER, D. und H. PINGEL (2003): Wie durch Selektion der Dotteranteil verändert werden kann. DGS Magazin, W. 14. S. 29 bis 30

LÖLIGER, H. Ch. und H.-J. SCHUBERT (1967): Spontanerkrankungen bei Japanischen Wachteln. Z. Versuchstierk. 9. S. 87 bis 94

LÜHMANN, M. (1973): Über die körperlichen Wachstumsveränderungen bei der japanischen Zuchtwachtel (Coturnix coturnix japonica). Arch. Geflügelk. 37. S. 148 bis 154

MCFARQUHAR, A. M. and P. E. LAKE (1964): Artificial insemination in the quail and the production of chicken-quail hybrids. J. Reprod. Fertil. 8. S. 261 bis 263

ROBILLER, F. (2003): Großes Lexikon der Vogelpflege, Verlag Eugen Ulmer, Stuttgart

ROBILLER, F. (1983): Käfige und Volieren in Haus und Garten. VEB Deutscher Landwirtschaftsverlag, Berlin

SATO, K.; IDA, N. and T. INO (1989): Genetic parameters of egg characteristics in Japanese quail. Exp. Animals 38. S. 55 bis 59

SATO, K.; MATSAMURA, T.; KAWAMOTO, Y. and T. INO (1989): Genetic parameters of body weight, muscle weight and skeletal characteristics in Japanese quail. Exp. Animals 38. S. 47 bis 54

SCHÜLER, L.; BERGFELD, U. und D. KÖHLER (1991): Vergleich verschiedener Schätzmethoden für genetische Parameter am Beispiel einer unselektierten Wachtelpopulation. 42rd Annual Meeting of EAAP, Berlin, Germany, 9. bis 12. September 1991

SHANAWAY, M. M. (1994): Quail production systems. A review. Food and agriculture organization of the United Nations. Rome

SHIM, K. F. und P. VOHRA (1984): A review of the nutrition of Japanese quail. WPSA Journal 40. S. 261 bis 274

SOLTAN, M. E. (1984), Selektion auf Proteinverwertung. Dissertation, Hohenheim

STEIN, G. S. und W. L. BACON (1976): Effect of photoperiod upon age and maintenance of sexual development in female Coturnix coturnix japonica. Poultry Sci. 55. S. 1214 bis 1218

STEINKE, L. (1970): Über die Lagerung von Wachteleiern in Kunststoffbeuteln. Archiv Geflügelk. 34. S. 59 bis 61

STEVENS, V. I. und BLAIR, R. (1985), Effects of supplementary vitamin D3 on egg production of two strains of Japanese quail and growth of their progeny. Poultry Sci. 54. S. 510 bis 515

VOGT, H. und L. STEINKE (1970): Beobachtungen über den Einfluss von Geschlechtsverhältnis und Alter auf Befruchtung und Schlupffähigkeit bei Japanischen Wachteln. Arch. Gefügelk. 34. S. 1 bis 6

VOHRA, P. und T. ROUDYBUSH (1971): The effect of various levels of dietary protein on the growth and egg production of Coturnix coturnix japonica. Poultry Sci. 50. S. 1081 bis 1084

WATANABE, S. und T. SHIBATA (1979): Influence of lightings on egg production in Japanese quail. Jap. Poultry Sci. 16. S. 65 bis 69

WATANABE, S. and T. AMANO (1971): Studies on the chicken-quail hybrids. 2. On the growth curve, morphological characters and testis of chicken-quail hybrids. J. Agric. Sci. (Tokyo) 46. S. 91 bis 96

WENTWORTH, B. C. and W. J. MELLEN (1963): Egg production and fertility following various method of insemination in Japanese quail (Coturnix coturnix japonica. J.) Reprod. Fertil. 6. S. 215 bis 220

WOODARD, A. E. and H. ABPLANALP (1967): The effect of mating ratio and age on fertility and hatchability in Japanese quail. Poultry Sci. 46. S. 383 bis 388.

WOODARD, A. E. and H. ABPLANALP (1971): Longevity and reproduction in Japanese quail maintained under stimulatory lighting 50. S. 688 bis 692

WOLTERS, H. E. (1975 bis 1982): Die Vogelarten der Erde, Paul Parey Verlag, Hamburg

WPSA-PUBLIKATION (1984): Mineralstoffbedarf und Empfehlungen zur Mineralstoffversorgung von ausgewachsenem Geflügel. In: Kraftfutter 67. S. 324 bis 326

WPSA-PUBLIKATION (1985): Mineralstoffbedarf und Empfehlungen zur Mineralstoffversorgung von wachsendem Geflügel. In: Kraftfutter 68. S. 396 bis 400